科学图书馆

科学新文献

费马大定理

解开一个古代数学难题的秘密

[美]阿米尔·艾克塞尔(Amir D.Aczel) 著　左 平 译

Fermat's Last Theorem

Unlocking the Secret of an Ancient Mathematical Problem

上海科学技术文献出版社

图书在版编目（CIP）数据

费马大定理：解开一个古代数学难题的秘密/(美)阿米尔·艾克塞尔著；左平译.--上海:上海科学技术文献出版社，2011.1
ISBN 978-7-5439-4649-1

I.①费··· II ①阿··· ②左··· III.①费马最后定理
IV.①0156

中国版本图书馆CIP数据核字(2010)第255623号

图字：09-2006-784

责任编辑：张 树 李 莺
美术编辑：徐 利

费马大定理
——解开一个古代数学难题的秘密
[美]阿米尔·艾克塞尔(Amir D. Aczel)著
左 平 译
*
上海科学技术文献出版社出版发行
(上海市长乐路746号 邮政编码200040)
全国新华书店经销
江苏常熟市人民印刷厂印刷
*
开本740×970 1/16 印张6 字数110 000
2011年1月第1版 2011年1月第1次印刷
ISBN 978-7-5439-4649-1
定价：20.00元
http://www.sstlp.com

献给我的父亲

序　　言

1993年6月，我的老朋友汤姆·舒尔特从加利福尼亚到波士顿来看我。我们来到阳光明媚的新巴利街，坐在人行道旁的咖啡座上，高耸于杯上的冷饮放在我们面前。汤姆刚离婚，有点沉默寡言。他侧转过头来对着我说："顺便告诉你，费马大定理刚被人证明出来了。"随后汤姆的注意力回到了人行道。我想，这必定又是在开玩笑。20年前，我们都是加利福尼亚大学柏克莱分校数学系的大学生，汤姆和我住同一宿舍。有关费马大定理的一些事情是我们经常谈论的话题。我们还讨论函数、集合、数域和拓扑学。数学系的学生晚上睡眠时间都不多，因为我们的课业很难，这是我们与其他大多数系的学生不同之处。有时我们整夜都在思考数学问题……试图证明某些定理，直至清晨。但费马大定理呢？没有人相信我们这辈子能看到它被证明出来。要证明这个定理非常困难，三百多年来吸引众多的人想要证明它。我们也知道，在试图证明此定理的过程中，产生了一些新的数学分支。但证明此定理的努力一次又一次地失败了。费马大定理渐渐变成了无法解决的象征。我曾经有一次认为，对我来说，意识到不可能证明此定理或许是有利的。几年以后，我已经从柏克莱数学系毕业并正在修读计算科学的硕士学位。我住在国际公寓时，一个自负的数学系学生，不知道我的数学背景，表示可给我提供他的帮助。"我是学纯粹数学的，"他说，"如果你有什么解决不了的数学问题，你尽管问我好了。"说完他就打算离开，但听到我说"嗯，是的。有一个问题，你可能会给我帮助……"他转回身，"好，一定，让我看看是什么问题。"我铺开一餐巾纸——当时我们正在餐厅。我在它上面慢慢写出：

$$x^n + y^n = z^n \qquad \text{当 } n \text{ 大于 2 时没有整数解。}$$

"从昨夜开始，我一直在试图证明这一问题，"我说，向他举起那块餐巾纸。我看到他的脸色变白。"费马大定理，"他哼哼唧唧道。"是的，"我说，"你是学纯粹数学的，你能给我帮助吗？"此后我再未碰到过此人了。

"我是认真的，"汤姆喝完他的冷饮说。"安德鲁·怀尔斯(Andrew Wiles)。他上个月在剑桥证明了费马大定理。记住这个名字。今后你会不断地听到它。"那晚，汤姆即乘飞机返回加利福尼亚。后一个月，我已认识到汤姆确实没有跟我开玩笑，并且我追踪了事件的整个过程。怀尔斯最初受到了欢呼，然后发现他的证明里有个漏洞，为此,证明被撤回一年,接着用一种正确的方法完全解决了问题。但随着进一步的了解,我认为汤姆还是错了。我不应只注意安德鲁·怀尔斯一个名字,或单独他一个人。我,以及整个世界,应该知道费马大定理的证明远远不只是一个数学家的工作成果。当怀尔斯得到那么多赞扬时,这荣耀同时也属于其他很多人:肯·里贝特(Ken Ribet),巴厘·梅修尔(Barry Mazur),志村五郎(Goro Shimura),谷山丰(Yutaka Taniyama),杰哈德·弗雷(Gerhard Frey)等等。这本书讲述了一个完整的解决费马大定理的故事,其中包括荧幕背后和相机镜头及闪光灯外不为人知的趣闻轶事。同时,这也是一个含有欺骗、阴谋和背叛的故事。

"或许我能借助进入黑暗大楼内的经验,最好地描述我如何做数学研究。你进入第一间房屋,但它里面一片漆黑,伸手不见五指。你磕碰家具,不时被周围的东西绊倒。逐渐地,你能感觉并知道每一样东西,每一件家具都在哪里。并且最后,在6个月或更长些时间后,你能找到灯的开关并把灯点亮。突然,屋内大放光明并且你可看清你准确的位置。然后你再进入下一间黑房……"

这是安德鲁·怀尔斯教授描述他七年来如何搜寻数学圣灵的故事。

目　录

第　一　章

1993 年 6 月 23 日的黎明前，普林斯顿大学的约翰・康韦(John Conway)教授来到校园里那座黑暗中的数学大楼。他打开前门并急忙走进他的办公室。自他的同事安德鲁・怀尔斯出发去英国后的这几星期里，不同寻常的传闻持续不断，已充满世界数学界。约翰・康韦感到要发生重要事情。但确切的是什么事情，他没有概念。他打开他的计算机，坐下并盯视着屏幕。早晨 5∶53，一条简明的电子信息越过大西洋闪现出来："怀尔斯证明了 F. L. T.（费马大定理）"

1. 剑桥，英国，1993 年 6 月

1993 年 6 月下旬，安德鲁・怀尔斯教授飞到英国。他回到了剑桥大学，这里是 20 年前他还是大学生时学习的地方。怀尔斯以前在剑桥的博士论文的导师，约翰・科茨(John Coates)教授正在组织一次有关依瓦沙瓦(Iwasawa)理论的研讨会，该理论是数论中的独特部分，怀尔斯所写的论文恰恰是有关此领域的，因而对此理论知之甚详。科茨此时问他以前的学生，是否愿意在会议上就你选择的论题做一简短的 1 小时的演讲。令他和其他会议的组织者感到极其惊讶的是，害羞的以前厌恶对公众讲话的怀尔斯竟然要求，是否能给他 3 个小时的演讲时间。

当 40 岁的怀尔斯到达剑桥时，他看起来是一位典型的数学家：袖子随便挽起的白色衬衫，厚厚的角质架眼镜，不太规整的稀疏头发。生于剑桥的他，这次归来是某种特殊的回家——实现他童年之梦。为追求这一梦想，安德鲁・怀尔斯关在自己的顶楼里已面壁七年。但他希望，这种牺牲，这种长期孤军奋战的时日，不久将会结束。他期盼能有更多时间与妻女在一起，而在这七年里他只有极少时间能看到她们。他经常失约

家庭午餐，或忘了下午茶，晚饭也很少在家吃。但现在，荣耀将归于他一人。

剑桥的艾萨克·牛顿数学科学研究所近来才开放，这是因为怀尔斯教授要来这里发表他的3小时演讲。这研究所是一座宏伟的大楼，坐落在围绕剑桥大学的景观区内，环境优美。演讲厅外的宽广区域里，有装饰着绒布的舒适坐椅，方便促进学者和科学家之间的非正式思想交流，提高学术和知识。

从世界各地来参加这次特别会议的数学家，虽然怀尔斯大多数都认识，但他此时不与他们接触。当同事们对他安排的演讲之长表示奇怪时，怀尔斯只是说你们应该来听我的演讲，你们会发现这是值得的。如此这般地保持神秘，甚至对于数学家们也是非比寻常的！当通常一个数学家单独在为证明某定理而工作，并且一般地说世界上大多数与他们有交往者都还不知道详情时，数学家们经常会彼此分享研究成果。数学结果以预印稿的形式在它们的作者之间自由传阅。这些预印稿给作者们带来了外部的评论，从而使论文在发表前得到改善。但怀尔斯没有散发预印稿，也没有预先讨论他的工作。怀尔斯演讲的题目是“模形式、椭圆曲线和伽罗瓦表示”，但此题目对演讲将引向何处没给出一点暗示，甚至在这些领域里的专家也猜不出来。传言随着时间的流逝而快速增长。

第一天，怀尔斯用讲述一些强力和未曾预料到的数学结果酬谢了二十多位听他演讲的数学家——并且提醒他们还有两次演讲。接着将会得到什么呢？每一个人都清楚，答案就在怀尔斯的演讲中。悬念随着充满期待的数学家的大批拥入而不断增加。

第二天，怀尔斯的介绍增多了。他带来了200页的讲稿，包括公式和推导，原始思想和漫长而抽象的定理证明。厅内所有空余地方都挤满了人。每一个人都在耐心地听。演讲将导向何处？怀尔斯没有给出一点暗示。他沉着地不断在黑板上写着，一直写了一天，然后他就匆匆离开了。

接下来的一天，1993年6月23日，星期三，是怀尔斯演讲的最后一天。当他走近演讲厅时，怀尔斯发现必须推挤人群才能进入。在入口处外面聚集了许多站立的人群，屋内则超负荷挤满了人。很多人还带着相机。当怀尔斯再次在黑板上写着似乎是没完没了的公式和定理时，紧张气氛加剧了。“怀尔斯的介绍只可能有一个顶峰，只可能有一个结果”，事后加利福尼亚大学的肯·里贝特教授在柏克莱告诉我说。怀尔斯正在完成他对谜样的，复杂的一个数学猜想，即谷山-志村猜想的证明的最后几行。然后他最后突然增加一行，写出了几个世纪的古老方程，肯·里贝特七年前已经证明，这应是此猜想的必然结果。“那么这就证明了费马大定理，”他说，几乎是随之而来的，又说，“我想我就在此结束。”

在整个大厅内出现了瞬间的惊愕和沉寂。然后爆发出听众发自内心的鼓掌欢呼。

相机闪光显现出人们都站起来向喜形于色的怀尔斯祝贺。几分钟内,电子邮件和传真飞遍世界各地。这个长期困扰人们的最费脑子的数学问题看起来已经解决了。

"不曾料到的是,第二天我们被世界出版机构所发的洪水淹没了,"约翰·科茨教授回忆说。科茨组织了这次会议,但他一点也没想到会议会成为最伟大数学成就之一的落地场所。世界报刊的头条都在欢呼这出乎意料的突破。"终于,可以大声呼喊,Eureka!(找到了!)几个世纪的古老数学秘密"这是 1993 年 6 月 24 日《纽约时报》的头版上所宣布的。《华盛顿邮报》在一篇重要文章里称怀尔斯为"数学巨龙的斩杀者",并且是新故事中所描述的解决了向人们挑战已超过 350 年之久,最难以攻克的数学问题的人。只过了一夜,这个安静和不为人知的安德鲁·怀尔斯变成一个了不起的人。

2. 皮埃尔·德·费马

皮埃尔·德·费马是 17 世纪法国的一位律师,也是一位业余数学家。技术上称他是"业余的",是因为他有一份日常的律师职业,权威的数学史学家 E·T·贝尔在他 20 世纪早期所写的著作里,恰当地称费马为"业余数学家之王"。贝尔相信费马取得的成就比他同时代的大多数"职业"数学家的更重要。贝尔认为费马是 17 世纪最丰富多产的数学家,而 17 世纪是见证了某些最伟大数学头脑如何工作的一个世纪。[1]

费马的最令人惊叹的成就之一,是他在艾萨克·牛顿出生前 13 年,发展了微积分学的主要概念。牛顿和同时代人莱布尼兹一起被看做创立了含有运动、加速度、力和轨道的数学理论,以及其他应用数学的连续变化的概念。这些人们称之为微积分学。

费马对古希腊的数学著作十分入迷。可能他的微积分概念是来自古希腊数学家阿基米得和欧多克斯的经典著作,阿基米得和欧多克斯是分别生活在公元前的 3 和 4 世纪的人物。费马把所有空闲时间都用来研究这些古代著作——这些著作在他那时代已翻译成拉丁文。他的全职工作是重要的律师,但他的爱好——他的兴趣——是试图推广古代的工作和在那些被埋藏的数学发现里寻找新的美妙定理。"我已经找到了大量极漂亮的定理",他有一次说。这些定理都摘记在他的古书翻译本的空白地方。

费马的父亲多米尼克·费马(Dominique Fermat)是皮革商人,多米尼克还是波梦特-洛马镇的第二执政官,他娶出身于议会法官家庭的克莱尔·德·隆为妻。费马生于 1601 年 8 月(8 月 20 日在波梦特-洛马受洗礼),成长后其双亲一心要培养他为一地方执政官。他年轻时入图卢兹的学校学习,30 岁时在此城被任命为地方官员。同年,1631 年,他与他母亲的侄女路易斯·隆结婚。皮埃尔与路易斯有 3 个儿子和 2 个女儿。儿子之一的克来梦·塞缪尔(Clement Samuel),成为他父亲科学工作的整理者并且在他父亲去世后出版了其著作。事实上,正是这些留传了下来的出版物,使我们知道了他著名的大定理。克来梦·塞缪尔·德·费马意识到潦草地写在空白处的此定理的重要性,特意把它加到了再版的古书的翻译本中。

Arithmeticorum Lib. II. 85

teruallo quadratorum, & Canones iidem hic etiam locum habebunt, vt manifestum est.

QVÆSTIO VIII.

PROPOSITVM quadratum diuidere in duos quadratos. Imperatum sit vt 16. diuidatur in duos quadratos. Ponatur primus 1 Q. Oportet igitur 16 - 1 Q. æquales esse quadrato. Fingo quadratum à numeris quotquot libuerit, cum defectu tot vnitatum quot continet latus ipsius 16. esto à 2 N. - 4. ipse igitur quadratus erit 4 Q. + 16. - 16 N. hæc æquabuntur vnitatibus 16 - 1 Q. Communis adiiciatur vtrimque defectus, & à similibus auferantur similia, fient 5 Q. æquales 16 N. & fit 1 N. $\frac{16}{5}$ Erit igitur alter quadratorum $\frac{256}{25}$. alter verò $\frac{144}{25}$. & vtriusque summa est $\frac{400}{25}$ seu 16. & vterque quadratus est.

ΤΟΝ ἐπιταχθέντα τετράγωνον διελεῖν εἰς δύο τετραγώνους. ἐπιτετάχθω δὴ τὸν ις διελεῖν εἰς δύο τετραγώνους. καὶ τετάχθω ὁ πρῶτος δυνάμεως μιᾶς. δεήσει ἄρα μονάδας ις λεῖψει δυνάμεως μιᾶς ἴσας εἶναι τετραγώνῳ. πλάσσω τὸν τετράγωνον ἀπὸ ςς. ὅσων δή ποτε λεῖψει τοσούτων μ. ὅσων ἐστὶν ἡ τῶν ις μ. πλευρά. ἔστω ςς β λεῖψει μ. δ. αὐτὸς ἄρα ὁ τετράγωνος ἔσται δυνάμεων δ μ. ις [λεῖψει ςς ις.] ταῦτα ἴσα μονάσι ις λεῖψει δυνάμεως μιᾶς. κοινὴ προσκείσθω ἡ λεῖψις, καὶ ἀπὸ ὁμοίων ὅμοια. δυνάμεις ἄρα ε ἴσαι ἀριθμοῖς ις. καὶ γίνεται ὁ ἀριθμὸς ις πέμπτων. ἔσται ὁ μὲν σνς εἰκοστοπέμπτων. ὁ δὲ ρμδ εἰκοστοπέμπτων, καὶ οἱ δύο συντεθέντες ποιοῦσι υ εἰκοστόπεμπτα, ἤτοι μονάδας ις. καὶ ἔστιν ἑκάτερος τετράγωνος.

杜克大学特别收集的图书资料

皮埃尔·德·费马的“大定理”再次登载在丢番图的算术的一个版本上,该版本也是由费马的儿子克来梦设法出版的。而带有费马手写笔记的丢番图的原始复制本却一直没有找到。

费马的生活常常被描写为平静、稳定和没有什么变化。他体面和诚实地工作着,并在 1648 年被提升至图卢兹地方议会议员的重要职位,直至 1665 年他去世,共担任了 17 年。考虑到费马要为王朝做大量工作,要忠诚的服务,要奉献生活的全部时间,很多历史学家都非常迷惑,他哪有时间和精力做第一流的数学研究——和写出那么多卷的数学著作。一法国专家指出,费马的官方工作对于他的数学研究实际上是有利的，因为为了避免行贿和其他腐败行为的诱惑，法国议会议员被要求把非官方的社交活动减少到最低程度。因此费马必须限制他的社交活动，但肯定又需要在繁重工作之余有一种消遣，而数学可能就提供了他所需要的休息。微积分的思想远不是费马仅有的成就。费马还给我们带来了数论。数论中的一个重要元素是素数的概念。

3. 素数

数 2 和 3 是素数。数 4 不是素数，因为它是 2 与 2 的乘积：$2\times 2=4$。数 5 是素数。数 6 不是素数，因为像 4 一样它也是两个数的乘积：$2\times 3=6$。7 是素数，8 不是 $(2\times 2\times 2=8)$，9 不是，并且 10 不是 $(2\times 5=10)$。但 11 再次是素数，因为不存在那样一些整数(不同于 11 自身和 1)，把它们相乘等于 11。并且我们继续这种方法：12 不是，13 是，14 不是，15 不是，16 不是，17 是素数，如此等等。这里没有明显的结构规律，使能看出后面任何一个数不是素数，或不是任何更复杂的乘积形式。素数概念从远古起就使人们深感迷惑。素数是数论中的一个基本元素，并且由于它缺少易于看出的结构规律，使得数论似乎是一个非统一的领域，数论中的问题是孤立的，难以解决的，数论也没有与其他数学领域有明显关联。巴厘·梅修尔说："数论可毫不费力地产生无数个问题，这些问题周围笼罩着清新和甜香的空气，迷人的花朵，还有……数论周围也聚集了很多小虫，等待着伺机叮咬那些受花朵诱惑者，而一旦被叮咬，他们就会激动起来，去为数论做超常的努力！"[2]

4. 写在空白处的著名评注

费马被数字的魔力迷住了。他发现了数字的美妙和意义。他提出了数论中的一些定理，其中之一是，任何形如 $2^{2^n}+1$ 的数是素数。后来，发现它是错误的，因为找到了一个不是素数的这种形式的数。

费马珍爱的古拉丁文课本的翻译本是一本叫做算术的书，它是生活在公元三世纪亚历山大时期的古代数学家丢番图所写。大约在 1637 年，费马在此丢番图译本的空白处，邻近把一个平方数分开写成两个平方数的问题的地方，写道：

> 另一方面，不可能将一个立方数表示成两个立方数之和，或将一个四次幂表示成两个四次幂之和；或者一般的，不可能将高于二次的任意次幂表示成两个同次幂之和。我已经发现了一个对此命题的绝妙证明，可惜空白的地

方不够大，不足以把它写下来。

这一段神秘的陈述促使好几代的数学家都忙于试图提供那个费马已然掌握的“绝妙证明”。这个陈述讲的是，一个整数的平方可写成两个其他整数的平方之和[例如，5的平方25，等于4的平方(16)与3的平方(9)之和]，但对于立方或任意更高次幂，同样的事情却是不可能的，这看起来很简单，似乎是懵人的。所有费马的其他定理在1800年初或已得到证明或被否定。但这个看似简单的命题却仍未解决，并因而被叫做“费马大(或最后)定理”。确实是解决不了吗？甚至在我们现在这个世纪里，计算机也加入到检验此定理是否正确的努力中。计算机可以用来检验数很大时定理是否正确，但却不可能对一切数做检验。定理可以对上亿个数做检验，但仍有无穷多个数和无穷多个指数有待核查。要确立费马大定理，需要一个数学的证明。1800年法国和德国的科学协会曾悬赏巨金奖励任何能提出这个证明的人，并且每年都有上千的数学家和业余者，包括一些逞能者，向数学杂志和审查委员会寄“证明”——但最终都归于徒劳。

5. 1993年7—8月——一个隐含的漏洞

当6月的那个星期三怀尔斯步下讲台时，数学家们是谨慎乐观的。350年的古老秘密看来已最终解决。怀尔斯长长的证明里，使用了复杂的数学概念和费马那个时代甚至20世纪前期都不知道的数学理论，而这些理论需要专家加以确认。此证明被送交给一些第一流的数学家。也许怀尔斯7年孤军奋战的隐居生活会得到最后的回报。乐观情绪仅存在了很短的时间。一星期内，发现了怀尔斯证明里的一个逻辑上的漏洞。他试图填补它，但这个缝隙未能简单地消去。安德鲁·怀尔斯的一位亲密的朋友，普林斯顿数学家彼德·萨纳克看到他每天都在为他在两个月前于剑桥告诉世界的证明而烦恼。“事情仿佛安德鲁打算把一块超大地毯铺在房内地板上，”萨纳克解释道。“他把地毯打开，但铺满房间后它受到一面墙的阻碍而翘起，所以他走到那头把它拉下来……然后地毯又在另一地方拱起来。他不能决定地毯的大小尺寸究竟怎样才适合此房间。”怀尔斯回到自己的小屋。来自《纽约时报》和其他媒体的记者们不再打扰他，让他去完成自己的任务。随着时光的流逝，数学家们和一般公众开始怀疑费马大定理是否肯定正确。与费马的“空白太小而写不下的一个绝妙证明”似的，怀尔斯的要使世界相信的美妙证明也变得同样渺茫。

第 二 章

6. 约公元前 2000 年，底格里斯河与幼发拉底河之间

费马大定理的故事比费马本人要年代久远得很多。它甚至比费马试图推广其结果的丢番图的工作还要古老。这个看起来简单又很深奥的定理的源头跟人类文明自身一样古老。这些源头植根在古巴比伦底格里斯河与幼发拉底河之间（今天的伊拉克境内），肥沃的新月牙地区内发展起来的青铜器时代文化中。当费马大定理还是一个在科学、工程和数学——甚至在它数学里的隐身处的数论中没有应用的抽象命题时，这个定理的源头已能在公元前 2000 年的美索不达米亚人民的日常生活中找到。

从公元前 2000 年到公元前 600 年的美索不达米亚河谷的时代，被认为是巴比伦人的时代。这个时代看到了显著的人类文明的发展，包括文字书写，车轮的使用，和金属制造。一种沟渠的系统被用于灌溉两条河流之间的广阔平原。随着肥沃的巴比伦河谷里人类文明的繁荣，传承了这些果实的古代人民知道了贸易，并且建立起像巴比伦和亚伯拉罕诞生地那样繁华的城市。甚至更早些，在公元前四百年前，一种书写的原始形式已经同时在美索不达米亚和尼罗河谷地区发展起来。在美索不达米亚，有丰富的黏土，人们用尖针在软黏土管上刻印一些楔形记号。然后把这些管子放在炉上烘焙或移到太阳下日晒使之凝固。这种书写的形式叫做楔形文字，它源自意为楔形的拉丁字 cuneus。楔形文字构成了世界上见到的第一个书写系统。巴比伦和古埃及的贸易和建筑需要精密的测量。青铜器时代社会的早期科学家已知道估计一个圆的周长和直径的比，他们所得的数已接近我们今天所知的 p_i。建筑起巨大的合乎圣经的通天塔 Ziggurat，以及建立古代世界七大奇迹之一的空中悬挂花园的人民需要一种计算

面积和体积的方法。

7. 数的平方意味着财富

一个略微成形的基于六十的数的系统发展起来了，并且巴比伦的工程和建筑人员已经能计算在他们日常的专业生活中需要的一些量。数的平方自然地在生活中出现了。数的平方被看做表示着财富。一个农夫的前程是有赖于他能够生产的庄稼总量的。这些庄稼的量转而又依赖于农夫能利用的土地面积。面积是那块地的长和宽的乘积，并且这就是产生平方的地方。一块地如果长和宽都是 a，那么就有面积 a 的平方。因此，从这个意义上说，一个平方量是财富。

巴比伦人需要知道，这样的一个整数的平方怎样才能分解为其他的整数的平方。一个有 25 个平方单位面积的地块的农夫要把它换为两块方地：测量出一块是 16 个平方单位以及另一块是 9 个平方单位。所以，一块五单位乘五单位的方地等于两块方地：一块是四乘四，而另一块是三乘三。这是为解决实际问题而得到的重要结果。今天，我们把它写成一个方程的形式：$5^2 = 3^2 + 4^2$。并且，像这里的 3，4 和 5 这样，满足这个关系式的任何 3 个整数，被叫做毕达哥拉斯三数组——虽然巴比伦人知道它们的时间，比著名的古希腊数学家，并以他的名字命名该数组的毕达哥拉斯要早 1 000 年。我们所知的这些都来自标示日期为大约公元前 1900 年的一不寻常的黏土平板上。

8. 黏土平板文书“*Plimptom 322*”

巴比伦人热爱迷恋黏土管。丰富的黏土和他们具有的楔形文字书写技术使他们创造了很多黏土平板文书。由于黏土平板的经久耐用，有不少平板留存至今。仅从古尼堡(Nippur)的某一个地方就重新发现了超过 50 000 盘平板，它们中的某些现在被收集在耶鲁、哥伦比亚博物馆和宾夕法尼亚大学里。许多这样的平板放在博物馆的地库里，积聚了大量尘土，无人阅读也无人翻译。

有一个已翻译的平板很引人们注意。这个在哥伦比亚大学博物馆的管子叫做 *Plimptom 322*。平板上共包含 15 个三元数组。每一个数组都有这样一个性质，第一个数是平方数并且是另两个平方数的和——这平板上含有 15 个毕达哥拉斯三元数组。[3] 早些给出的数 $25 = 16 + 9$，形成一个毕达哥拉斯三元数组。在 *Plimptom 322* 上的另一个毕达哥拉斯三元数组是 $169 = 144 + 25(13^2 = 12^2 + 5^2)$。并非所有的学者都认为古巴比伦人对这些数感兴趣。一种观点认为他们只是对实际目的有兴趣，并且事实上他们用的是一种基于六十的数的系统,因而喜欢把整数分解开以支持解决带有完整平方数的实际问题的需要。但另一些专家认为,他们内部传承的对于数的兴趣可能已经推动了巴比伦人对平方数的兴趣。事情看来是这样,无论推动的原因怎样,Plimptom 322 已能当作教授学生求解数的平方问题的一种完美工具。

哥伦比亚大学,稀缺书本和手稿图书馆

巴比伦人的方法还没有发展成解决这种问题的一个一般理论,但却较好地列举了三元数组的一些表,并且显示如何教授学生们阅读和使用这些表。

9. 秘密宣誓的"数崇拜者"的古代盟会

约公元前 500 年,毕达哥拉斯生于希腊的萨摩斯(Samoss)岛。他足迹广泛的旅行遍及古代世界,他到过巴比伦、埃及,甚至还有印度。特别是他在巴比伦的旅行中,由于毕达哥拉斯与一些数学家的深入交往,认识到他们对于数的研究的重要意义,在他之后现在叫做毕达哥拉斯三元数组的,一千五百多年前巴比伦的科学家和数学家就已经知道。毕达哥拉斯还与杰出的艺术工作者和建筑建设者交往,那些建筑奇观里的数学是不会逃过他的眼睛的。毕达哥拉斯在旅行中也接触和传播了东方的宗教和哲学思想。

当他回到希腊时,他离开了萨摩斯岛并搬迁到意大利的科罗托纳(Crotona)。有趣的是:毕达哥拉斯肯定看到了古代世界七大奇迹中的大多数。这些奇迹之一的宙斯希拉(Hera)神庙,恰在他诞生地萨摩斯岛上。今天,从以这岛的光荣儿子名字命名的毕达哥拉斯镇到这宏伟庙宇的遗迹——上百根圆柱中今天仅存一根竖立着——只有很短的步行距离。面向正北几英里，在现今的土耳其境内，是古代希腊城市以弗所（Ephesus）遗存的另一个奇迹。罗得岛的巨神像紧邻萨摩斯岛的南面；金字塔和狮身人面像都在埃及并且毕达哥拉斯见过它们；他在巴比伦必定已见到了空中花园。

舟形的意大利，包括毕达哥拉斯居住的科罗托纳，以及南意大利其他很多地方，在那时都是希腊世界——大希腊的一部分。这个包括了地中海整个东面地区的“大希腊”，包括埃及亚历山大城也有大量希腊裔居民——他们的后代直到20世纪90年代初仍在此处离科罗托纳不远有先知们的洞穴，如先知德尔法（Delphi）据说能预言人民和国家的命运和未来。

10. “万物皆数”

在意大利旅途中的周围荒凉的不毛之地，毕达哥拉斯发现了一个自称研究数的秘密组织。这个组织已发展成为毕达格拉斯学派的盟会，且是具有实质数学知识的组织——所有知识完全是秘密。毕达哥拉斯学派追随由哲学总结出的信条是“世界万物皆数”。他们崇拜数并相信数有魔术般的性质。“完全数”是他们感兴趣的一类数。

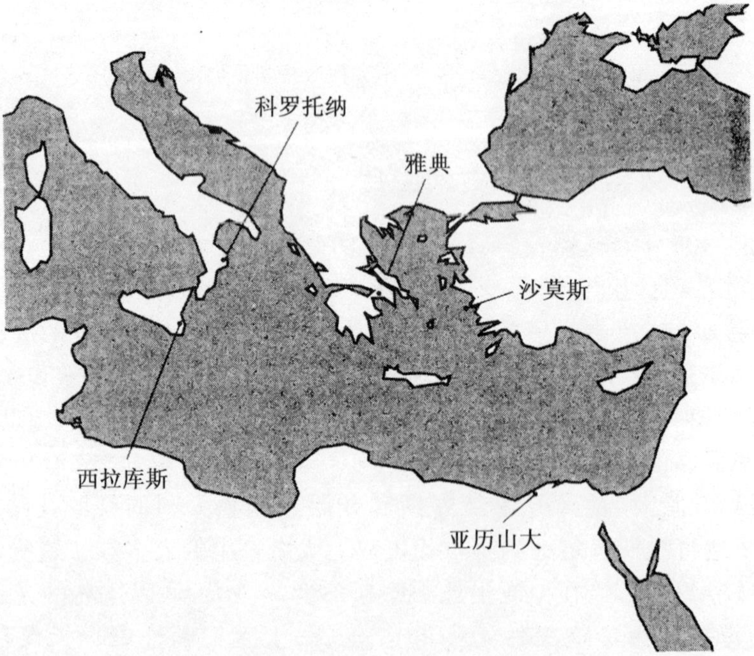

完全数的定义是——一直延续到中世纪仍有影响的概念，并显现在神秘主义系统如犹太教卡巴拉中——一个数是其所有乘积的因子之和。完全数的最好和最简单的例子是数 6。6 是 3 与 2 与 1 的乘积。这个数存在乘积的因子，我们有：$6=3\times2\times1$。但注意如果你把这些因子加在一起，将再次得到数 6：$6=3+2+1$。从这个意义上说，数 6 是“完全”的。28 是完全数的另一个例子，因为能除尽 28(没有剩余)的数是 1，2，4，7 和 14 ，并且我们还注意到：$1+2+4+7+14=28$。

毕达哥拉斯的跟随者们奉行一种禁欲主义的生活方式，并且是严格的素食者。但他们也不吃豆类，认为它们外形像睾丸。他们以一种宗教般精神非常虔诚地崇拜着数，他们的严格素食主义也源自宗教信仰。在没有标明是毕达哥拉斯时代的文件被保存下的同时，却存在着大量的较后的有关讲述大师和他的追随者的文献，并且毕达哥拉斯本人被认为是古代最伟大的数学家之一。他的贡献是发现了毕达哥拉斯定理，该定理涉及一个直角三角形各边的平方，并和毕达哥拉斯三元数组密切相关，最终和两千年以后的费马大定理有了关系。

11. 斜边的平方等于其余两边平方之和……

此定理本身源自巴比伦，因为巴比伦人清楚理解“毕达哥拉斯”的三元数组。但是，毕达格拉斯学派是以设立几何问题创立起来的，这样就把它们从严格的自然数(没有 0 的正整数——今天把数 0 也归入自然数行列了——译注)推广开来。毕达哥拉斯定理是说：一直角三角形斜边的平方等于三角形其余两边的平方之和，证明如下图。

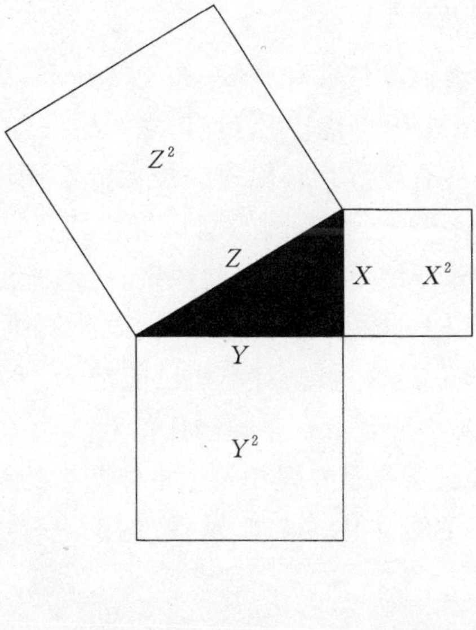

当斜边是一个整数时(如 5,它的平方是 25),借助它等于两个平方的和,则一般毕达哥拉斯解将是整数 4(它的平方是 16)和 3(它的平方是 9)。所以,对于毕达哥拉斯定理,当应用于整数时(如像整数 1, 2, 3, ……),给我们的毕达哥拉斯三元数组几百年前巴比伦人就知道了。

偶然地,毕达哥拉斯派的学者们还知道,平方数是奇数序列之和。例如,$4=1+3$, $9=1+3+5$, $16=1+3+5+7$,如此等等。这个性质他们用直观排列平方形里的数来表示。当沿两个相连的边的点数是奇数时加上原先的平方就得到一个新的平方。

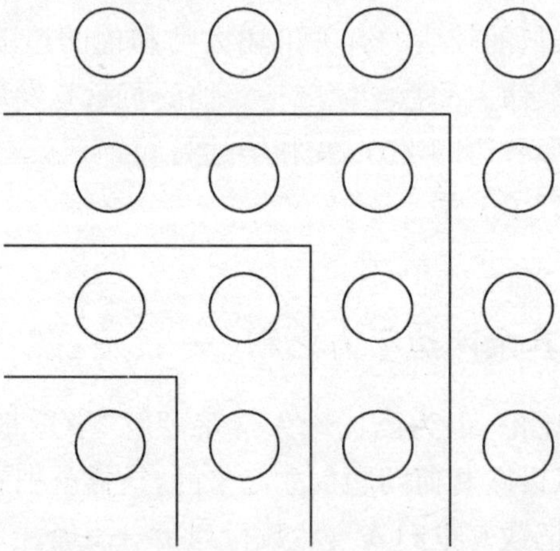

12. 整数,分数,还有什么?

但毕达哥拉斯派的学者们除整数和分数(如 1/2, 1/3, 5/8, 147/1769,等这样的数)外还知道更多,这两种数在古代巴比伦和埃及都已知道。他们还发现了无理数——即这种数不能被写成有理数并必须写成是无穷不循环的小数。这种数的一个例子是数 p_i(3.141 592 654……),一个圆的周长与它的直径的比。数 p_i 是没有终点的;因为它有无穷多个(即永不结束的)不同的数字,所以永远也不能把它完全的表示出来。要把它表示出来,我们可简单地说:p_i(π)。或我们可以把它写成有限小数,如 3.14, 3.141 5,等等。在我们这个世纪,计算机已能把 p_i 计算并写出到一百位或更多位的数,但这没有什么必要。公元二百年前巴比伦和埃及人都已知道 p_i 的各种近似值。他们大约取它为 3,并且看作是发现车轮后自然产生的结果。p_i 也得自对金字塔的各种测量。p_i 甚至在旧圣约书里也被谈及:在《列王纪·上》里,我们读到 7:23 是和正在建筑的一圆形墙有关。从给出单位圆的周长和直径的比值,我们可得出古代以色列人是把 p_i 粗略取成 3 的结论。

毕达哥拉斯派的学者们发现了 2 的平方根是一无理数。把毕达哥拉斯定理应用于两边都是 1 个单位的直角三角形,他们得到一个奇怪的数:2 的平方根。他们能断定的是,它不是一个整数,甚至也不是两个整数之比的分数。这是一个可表示为一个无穷不循环小数的数。如同 p_i 的情形,要准确写出 2 的平方根这个数(1.414 213 562……)需要永远的写下去,因为它有无穷多个数字,它们组成唯一的一个序列(不是一个循环小数,像 1.857 142 857 142 857 142 857 142……等等,表述这些数不需要完全写出所有的数字)。具有一个循环数字表示式的(这里,序列 857142 是这个数的小数部分里一再重复的数字节)数是有理数,也就是,能被写为形如 a/b 的数,即两个整数的比。在这个例子里,两个整数是 13 和 7。比 13/7 是 1.857 142 857 142 857 142 857 142……这里数字段 857142 自身永远重复。

发现 2 的平方根的无理性使这些刻苦勤勉的数的崇拜者大感震惊。他们发誓决不将它告诉他们盟会外的任何人。有一个传说是,有一个盟会成员把存在奇怪的无理数的秘密泄露给了世界,毕达哥拉斯竟亲自溺死了他。

数轴上的数分为不同的两类:有理数和无理数。把它们放在一起,它们就填满整个直线且没有空隙。这些数彼此间是非常非常接近的(无限小的接近)。有理数被说成在实数内是处处稠密的。即在任一个有理数的任一邻域,任一小区间内包含无穷多个无理数。反之亦然,在任一个无理数的邻近存在着无穷多个有理数。两个集合,无理数和有理数都是无穷集合。但无理数的个数要比有理数的多得多。它的无穷的级别较高。这个事实是 1800 年代被数学家乔治·康托(Georg Cantor, 1845—1918)证明的。在那时,仅少数人相信康托。他的头号敌人克罗内克(Leopold Kronecker, 1823—1891)因他的有关有理数和无理数个数多少的理论而攻击嘲笑康托。克罗内克以他的名言而出名:"上帝创造了自然数,其他一切都是人的工作",意思是他甚至不相信存在像 2 的平方根这样的无理数!(这是在毕达哥拉斯后两千多年。)他的攻击被指责为阻碍康托从柏林有声望的大学获得教授职位,并导致康托频繁地精神发病乃至崩溃,最终使康托死在因精神疾病而长期住的医院里。今天,所有数学家都知道康托是对的,并且存在的无理数比有理数多无穷多个,虽然两个都是无穷集合。但古希腊人关于这些知道这么多吗?[4]

在有理数之间是无理数

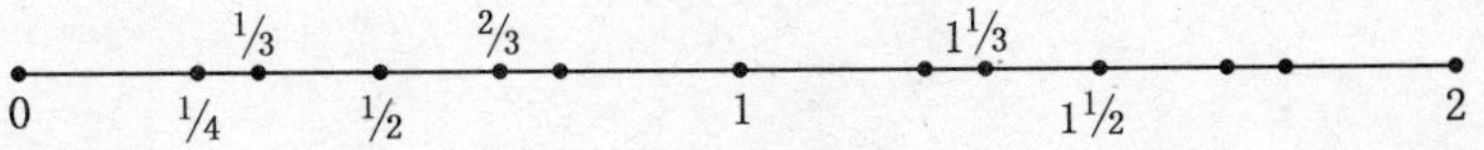

有理数是分数

13. 毕达哥拉斯的遗产

毕达哥拉斯学派有他们的食物规定、数的崇拜、秘密会议以及仪式，该盟会的一个重要特征，是作为精神基础的对于哲学和数学的追踪研究。他们相信毕达哥拉斯本人创造了哲学——数学，加上对智慧的热爱。毕达哥拉斯学派还以各种形式进行数学教育。

毕达哥拉斯大约公元前500年去世，并没有留下他的工作的书面记录。他在科罗托纳的中心，遭到一个敌对的政治组织希巴提克斯(Sybaritics)的突袭而被毁坏，其成员中的大多数被谋杀。余下的携带着他们的哲学和数的神秘主义，散布到地中海附近的希腊世界。在这些避难处知晓数学和哲学的人当中有费洛劳斯(Philolaos)，他曾在毕达哥拉斯的弟子们所建立的新中心里学习过。费洛劳斯是第一个写出了毕达哥拉斯学派的历史和理论的古希腊哲学家。柏拉图正是从他所写的书中学习了毕达哥拉斯关于数、宇宙的哲学以及神秘主义，并且后来他也写了有关这些方面的书。毕达哥拉斯学派的特殊符号是嵌入在五边形内的五角星。形成五角星的五边形的对角线按一反方向相交得出另一个较小的五边形。如果较小的五边形内部的对角线已经画出，那么它们又形成另一个更小的五边形，循此以往直致无穷。这个五边形以及它的组成五角星的对角线有着奇妙的毕达哥拉斯学派相信是神秘的一种性质。一条对角线的交点把一条对角线分为不等的两部分。整条对角线与较大线段的比恰等于较大线段与较小线段的比。这同样的比对所有越来越小的对角线也都存在。这个比叫做黄金分割。它是一个等于1.618……的无理数。如果你用这个数减1，得到的恰是没有1的小数部分。即，你得到0.618……正如我们以后将看到的，显现在自然现象以及人类眼睛的比例中的黄金分割令人感觉美丽。它也是我们不久将见到的著名的菲波那契数的比的极限。

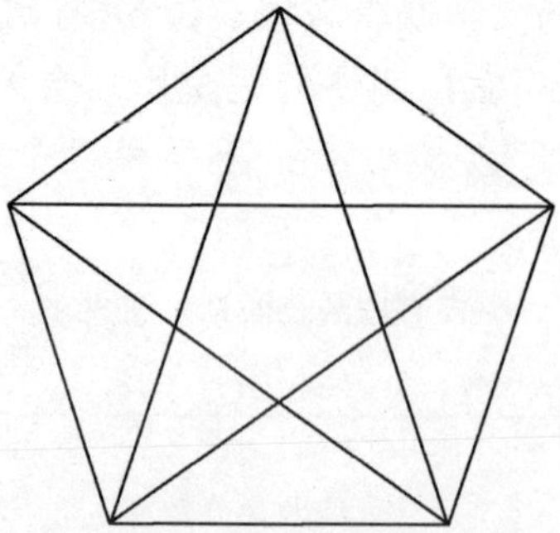

你可以用计算器通过有趣的一连串演算求得黄金分割。首先做 1＋1＝，然后按 $1/x$ 键(即求倒数的键——校注)，接着＋1＝，然后按 $1/x$，接着＋1＝，然后按 $1/x$ 并且一直进行下去。一旦你完成的演算重复足够多次，那么你所显示的数应该是交替出现的 1.618……和 0.618……。它等于 5 的平方根，减 1，除以 2。这是从毕达哥拉斯五边几何图形获得的方法。因为这个比绝不会成为两个整数的比，因此绝不会是一有理数。以后我们将更多地见到黄金分割。

毕达哥拉斯学派发现音乐中的和声是数的简单比例。按照亚里士多德所说，毕达哥拉斯学派相信，天空中的一切只是各种音乐和不同的数。音乐和声和几何形状使他们相信“万物皆数”。毕达哥拉斯学派认为，音乐中的基本比例仅包括数 1，2，3 以及 4，它们的和是 10。从而反过来，10 是我们的数系的基础。毕达哥拉斯学派把 10 表示成一个三角形，他们叫做*四套体*：[5]

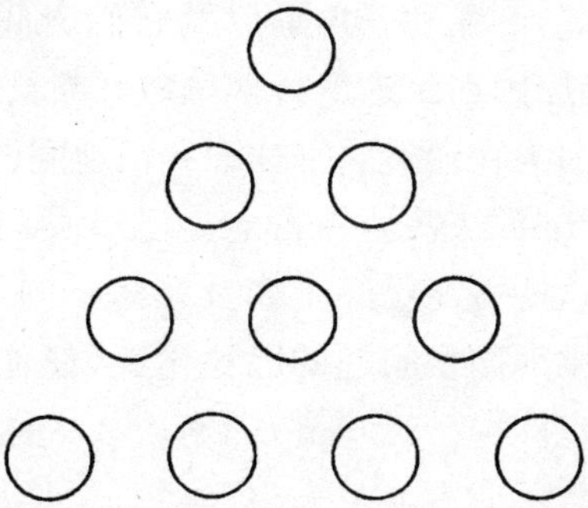

毕达哥拉斯学派认为四套体是神圣的，并且用它立誓。按照亚里士多德以及欧卫德(Ovid)和其他古典学者的意见，数 10 是偶然地被选为数系的基础的，因为人有 10 个手指。另一方面，回顾巴比伦人用到了一个以 60 为基础的数系。甚至今天，还有残存的其他数系。法语中的 80(quatre-vingt，意为“四个二十”)是一个以 20 为基础的数系遗留的痕迹。

14. 绳子，钉子，和几何学的诞生

我们知道的有关古希腊的数学很多是来自亚历山德里(Alexandria)的欧几里得的《几何原本》，欧几里得是生活在公元前 300 年左右的大数学家。可以相信《几何原本》的最初两卷全是毕达哥拉斯和他的秘密盟会的工作。古希腊的数学形成是因为数学的美丽和对于抽象几何图形的关注。希腊人发展起一个完整的几何理论并且这个理论的大部分没有改变，仍然是今日中学所教的。事实上，《几何原本》，或今日所保留

下来的《几何原本》，被看做是所有时代的最伟大的课本。

权威古代希腊史学家希罗多德(Herodotus)认为，几何学在公元前3000年的埃及已得到发展，比亚历山大和其他地方的希腊人要早很多。他告诉我们，尼罗河的洪水如何毁坏了肥沃河流三角洲里田地间的边界，以及如何有必要完善测量技术。为达此目的，测量者必须发展几何概念和思想。在他的《历史》这本书中，希罗多德写道：

> 如果河流携带走人们的田地的任何一部分，国王就派人员通过测量来检查和决定究竟确切损失了多少。从这个实际工作中，我想，几何学首先在埃及产生，接着传到希腊。[6]

几何学是研究由圆，直线，圆弧和三角形以及它们交截的各种角所组成的形状和图形的。它得以牢固建立的原因在于这个科学是做好测量工作的基础。在古埃及，几何学被叫做“拉紧的绳子”，因为在建造庙宇神殿和田地间的边界时都必须拉直绳子当作直线用。但很可能几何学的源头甚至更古老。已经发现有在新石器时代的表明图形全等和对称的例子，并且这些可能已经是埃及几何学的先驱，经古希腊传播到后来的几个世纪。情形是，遇到土地面积问题的巴比伦人，使他们必须理解平方数和它们间的关系，而这些古埃及人也同样已经知道，因为埃及人面临同样的土地测量以及构造他们的神庙的问题。因而，可能古埃及人也已经有了毕达哥拉斯三元数组的知识。然而，面对几何学的希腊人是尽其所能把它建成为纯粹数学。他们提出假设，并证明了定理。

15. 什么是定理

希腊人给我们带来了定理的概念。一个定理是已给出了证明的一个数学命题。证明是按照一种严格方式对定理的真实性所做的判断，对于把一组公理当作进一步推理的基础并遵循逻辑法则的任何人而言，这种严格方式都是可接受的，无可争议的。欧几里得的公理系统包括了一个点，一条线的定义以及两条平行线不相交的命题。遵循公理系统和逻辑推理过程，像如果 A 推断出 B，并且 B 推断出 C 那么 A 推断出 C，古希腊人已能够证明许多有关三角形，圆，方形，八边形，六边形以及五边形的漂亮定理。

16. “我找到它了！我找到它了！”

伟大的希腊数学家欧多克斯(公元前五世纪)和阿基米得(公元前三世纪)把在几何图形上的工作推广到利用无穷小量(意为无限地小的量)求面积。克尼达斯的欧多克斯是柏拉图的朋友和学生。他在雅典学园里的生活非常贫穷，只能寄宿在较便宜的小镇里，从那里每天到柏拉图的学园去学习。在柏拉图还不是数学家的时候，他就鼓励学生学习数学，特别是像欧多克斯那样的有天赋的学生。欧多克斯到埃及和希腊等地旅行，学习到很多几何知识。他发明了“穷竭法”，这是用无穷小量求几何图形的面积的方法。例如，欧多克斯用很多小矩形的面积之和(当矩形的个数有限时此面积很易计算)近似地表示一个圆的面积。这也是当今在微积分学里用的实质方法，并且现代极限的论断与欧多克斯的“穷竭”方法没有多大差别。

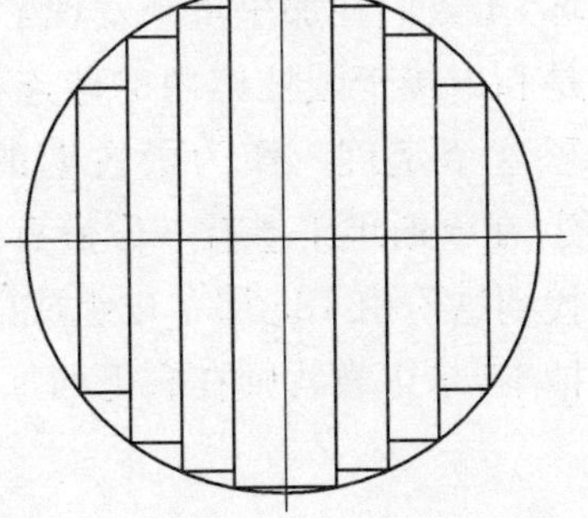

但是古代最杰出的数学家毫无疑问是阿基米得(公元前 287—212 年)，他生活在西西里岛的希拉库斯(Syracuse)城。阿基米得是天文学家菲达斯的儿子，并且与希拉库斯的国王海隆(Hieron)Ⅱ世有关系。像欧多克斯那样，阿基米得发展了求面积和体积的方法，这些方法是微积分学的先驱。他的工作同时预示了积分学和微分学(微积分学的两个部分，阿基米得同时理解了它们)。在他对纯粹数学:数、几何、几何图形的面积，以及诸如此类深感兴趣的同时，他也因把数学应用在实际中的成就而声名远扬。众所周知的是阿基米得发现的今日叫做流体静力学第一定律——浸入液体中的物体所失去的重量等于排开液体的重量——的那个故事。那时在希拉库斯城有一个不老实的金饰匠，国王海隆请求他的数学家朋友找一种能证明他不老实的方法。阿基米得从研究浸入液体中的物体所失去的重量开始，他在实验中利用了自己的身体。他浸在浴盆里并做某些测量。当他发现了这个规律的时候，他跳出了浴盆，裸身跑到希拉库斯街上大喊“Eureka，eureka!”(我找到它了！我找到它了!)

阿基米得也以他发明的旋轮而获得名望，这是通过转动一个曲柄提升水的一种设计。现在全世界的农民仍在使用它。

当公元前214—212年罗马将军马歇拉斯攻击希拉库斯城时，海隆再次请求他杰出的朋友给予帮助。在罗马军队逐渐逼近的时候，阿基米得发明了一种基于他那时研究水平的巨大的弩炮，从而希拉库斯人能很好地保卫自己。但马歇拉斯重新集结他的部队，并在稍后某个时候从背面进攻，终于令人吃惊地攻取希拉库斯城。这时阿基米得甚至没有感觉到这个攻击，仍然正静静地坐在地上，面对着地上沙子里画的一幅城市几何图形沉思着。一个罗马士兵接近并站在这图形旁。阿基米得跳起来，大喊：“别毁坏我的圆形!”此时那个士兵拔出他的剑，杀死了这位75岁高龄的数学家。在他的遗嘱里，阿基米得明确地要求，在他的墓碑上请刻上他崇拜的特别的几何图形——一个圆柱体内切一个球。这不应忽视的墓后被沙子淹埋，并失去了地点，但多年后罗马演说家西索咯发现了它，并把它修复，接着沙子再次淹埋了它。1963年，这墓因在希拉库斯附近兴建旅馆而被破坏，工人们在那里重新发现了阿基米得的墓穴。

阿基米得最喜欢的定理是和内接于圆柱体内的球连在一起的，并且他在叫做《阿基米得方法》的一本书里写了这个定理。作为最古老的课本，可以设想它已失传。1906年，丹麦学者赫伯格听说，在康斯坦丁堡有一份带有数学特征写作的褪色羊皮手稿。他旅行到康斯坦丁堡并找到这份由185层羊皮组成的手稿。科学研究证明，它就是阿基米得那本书十世纪的抄本，东正教牧师在它上面加上了十三世纪的内容。

17. 大约公元250年，亚历山大，古埃及

大约公元250年，一位名叫丢番图(Diophantus)的数学家生活在亚历山大城。有关丢番图的生活我们所知道的全部自下述的问题中得来，该问题搜集在丢番图死后一世纪粗略写成的叫做Palatine Anthology(内官文集)的文集里。[7]

> 这里你见到保留着丢番图遗骨的墓穴，令人惊讶的是：它艺术地告诉我们他的生命有多长。上帝保证他的童年有六分之一。又过了十二分之一，他的双颊长出胡须。再过七分之一，他点燃了婚姻的蜡烛，并在五年后，喜得贵子。天啊，这可爱而不幸的孩儿，在只活到其父年纪的一半，便进了冰凉的坟墓。在悲哀之中他度过了生命的最后四年。从这个数字的设计中，请告诉我们他的生命长度。

（如果你求解由该问题列出的方程，你将找到的答案是 84。）

不能肯定他生活的时期。我们能断定的时期仅基于两个有趣的事实。首先，在他的写作里他引证了哈普西斯（Hypsicles），而我们知道他活在大约公元前 150 年。第二，丢番图被亚历山大的泰恩引证过。泰恩的时代由于公元 364 年 6 月 16 日发生的日食记载得很清楚。所以丢番图肯定生活在公元 364 年以前而在公元前 150 年之后。学者们带有一些随意性地把他放在大约公元 250 年。

丢番图写的算术，发展了代数概念并提出了一种特定类型的方程。这些就是今人仍在使用的丢番图方程。他写了十五卷，现留传下来的仅六卷。其余的都在亚历山大的大图书馆的一场大火中焚毁了，该图书馆收集了大量的古代书籍。最后的希腊课本中留存的那几卷已被翻译出来。已知的第一版拉丁文翻译本发表于 1575 年。但费马得到的复制本是 1621 年由巴歇（Claude Bachet）翻译的那一本。正是这书本Ⅱ卷中丢番图的问题 8：求一给定的平方数为两个平方数之和的方法——毕达哥拉斯问题，它的解两千多年前已为巴比伦人所知——的附近，灵光闪现的费马在空白处写下了他著名的大定理。丢番图和他的同代人的数学成就是古希腊的最后荣光。

第　三　章

18. 阿拉伯之夜

当欧洲忙于进行各种国王和王子或他们的属下之间的大小战争，引起了大瘟疫，并进行花费昂贵、毫无希望的叫做十字军的远征的时候，阿拉伯人统治了一个从中东到西班牙的繁荣帝国。他们在医学、天文和艺术上有伟大成就，还有阿拉伯人发展起来的代数。公元 632 年，先知穆罕默德建立起一个以麦加为中心的伊斯兰帝国，麦加现今仍是伊斯兰宗教中心。不久，他的军队进攻了东罗马帝国，经过保卫并由于穆罕默德同年死于麦地那后，它得以继续留存。几年之内，大马士革、耶路撒冷以及美索不达米亚的许多地方都进入伊斯兰势力范围内，并且约公元 641 年使亚历山大城成为世界的数学中心。约公元 750 年，这些战争以及穆斯林自己的战争渐告平息，摩洛哥和西部阿拉伯与以巴格达为中心的东部阿拉伯也和好了。

之后巴格达成为一个数学的中心。阿拉伯人吸收了天文学和其他他们已具有的科学中的数学概念及发现。来自伊朗，叙利亚和亚历山大的学者齐聚巴格达。公元 800 年代初穆罕默德继承者统治期间，《阿拉伯之夜》写成，并且许多希腊著作包括欧几里得的《几何原本》都被翻译成阿拉伯文。该继承者在巴格达建起了一座贤人宫，它的成员之一是花拉子米(Mohammed Ibn Musa Al-Kuowarizmi)。像欧几里得那样，花拉子米也成了世界著名数学家。兼有印度的思想和数的符号，以及美索不达米亚的概念和欧几里得的几何思索，花拉子米写了一本论述算术和代数的书。“algorithm”(算术)一词来自 Al-Kuowarizmi。而“algebra”(代数)一词来自花拉子米的最著名的书：《代数学》(Al Jar Wa’l Muqubalah)的第一个词。后来欧洲从这本书学习到了叫做代数的数学的一个分支。丢番图的算术中有代数的思想，但《代数学》与今天的代数更密切相关。这本书涉及一次和二次方程的直接求解。在阿拉伯,该书名的意思是"把方程一边的项移到另一边的复原法"——这就是今天一次方程的求解方法。

如同数学的所有分支一样,代数与几何是密切相关的。把这两个分支连接在一起的一个领域是代数几何,这是本世纪才发展起来的。这种其范围在不同分支之内并把它们连接起来的数学分支间的结合,为本世纪后期怀尔斯在费马问题上的工作铺平了道路。

19. 中世纪商人和黄金分割

阿拉伯人对一个与求毕达格拉斯三元数组的丢番图方程密切相关的问题很感兴趣。这个问题是,给定一直角三角形的面积且也是整数时,求毕达格拉斯三元数组。几百年之后,发现此问题也成了 1225 年由比萨的里奥纳多(Leonardo, 1180—1250)所写的书《平方数学》(*Liber Quadratorum*)的基础。里奥纳多的另一更出名的名字是斐波那契(意为"波拿西之子")。斐波那契是生于比萨的一位国际商人。他也生活在北非和康斯坦丁堡,并且他一生都在广泛旅行,他访问过法国东南部,西西里,叙利亚,埃及和地中海的其他许多地区。他的旅行和他与那时地中海社会的精英分子的关系,使他接触到阿拉伯的数学概念,以及希腊和罗马的文化。当皇帝弗莱德里克Ⅱ世来到比萨时,斐波那契被引见到皇宫,成为皇帝近侍的一员。

除了《平方数学》外,他还写了另一本著名的书(《算盘书》*Liber Abaci*)。斐波那契的书里的一个有关毕达格拉斯三角形的问题也出现存的一份十一世纪的拜占庭式的手稿里,此手稿现存于伊斯坦布尔的旧宫图书馆中。另一方面,斐波那契旅行期间可能在康斯坦丁堡已经见到过同样的书。

斐波那契最著名的是命名为斐波那契数的数列。这些数源自《算盘书》里的下述问题:

> 如果每一个月每一对兔子都能生出一对新兔子,而一对新兔子从第二个月以后才能生产。设开始只有一对新兔子,那么一年里能产生多少对兔子?

由这个问题导出的斐波那契数列,其头两项是 1,然后各项都是前相邻两项的数加在一起所得。此数列是:1, 1, 2, 3, 5, 8, 13, 21, 34, 55, 89, 144,……

此数列(它已从这个问题连续取了超过 12 个月)有意想不到的重要性质。令人惊讶的是,此数列中相邻两个数的比趋于黄金分割。这些比是:1/1, 1/2, 2/3, 3/5,

5/8，8/13，13/21，21/34，34/55，55/89，89/144 等。注意，这些数越来越逼近于($\sqrt{5}$－1)/2。这就是黄金分割数。它也可按先前所述用计算器重复运算而得。1/1＋1/1＋1/……。在自然界到处能见到黄金分割。一树枝上长的叶子彼此间的距离对应于斐波那契序列。斐波那契数也出现在花朵中。大多数的花，花瓣的数目是以下各数之一：3，5，8，13，21，34，55，或 89。百合有 3 瓣，金凤花 5 瓣，飞燕草通常是 8，金盏草 13，紫菀 21，雏菊常常是 34 或 55 或 89。

斐波那契数也出现在向日葵中。向日葵中间的将变成种子的筒状花呈现为两组螺线：一组顺时针旋转，而另一组则是逆时针旋转。顺时针旋转的螺线数通常是 34，逆时针旋转的螺线数是 55，有时这些数是 55 和 89，以及 89 和 144。所有这些都是相继的斐波那契数（它们的比趋近黄金分割）。斯图尔特（Ian Stewart）在其书《自然之数》中指出，当螺线展开时，它们之间的夹角是 137.5°，是 360°乘以 1 减黄金比，并且它们造成顺时针和逆时针螺线数的相继的斐波那契数，如下图所示。[8]

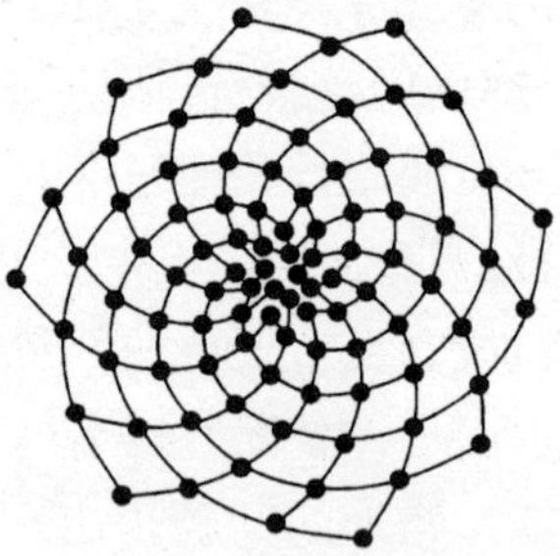

如果一个矩形的两边是按黄金分割之比画出的，那么此矩形可分划为一个正方形和另一个矩形。这第二个矩形与第一个矩形是相似的，也就是它的两边之比等于黄金分割。这较小的矩形现在还能分划为一个正方形和一更小的矩形，而其两边之比仍是黄金分割……如此等等。过这矩形序列的逐个顶点可画出一条螺线，这种螺线在壳类生物、上面提到的向日葵花的排列中，以及树枝的叶片的排列中是常见的。

矩形有一种魅力。黄金分割不仅呈现在自然界，也作为美的古典概念出现在艺术中。存在着某种有关此数列的神灵的传说，并且事实上有一个今天仍在活动的斐波那契会社，头领是一个牧师，并以加利福尼亚的圣·玛丽学院为中心。该会社献身于寻求在自然界、艺术、建筑中的黄金分割和斐波那契数的范例，他们相信这个比例是上帝给世界的礼物。作为美的象征，黄金分割已显现在如雅典的巴特农神殿这样的宫殿里。巴特农神殿的高与长之比是黄金分割数。

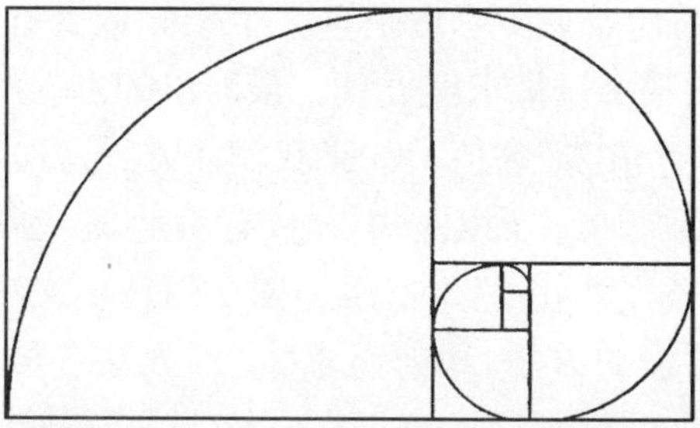

巴特农神殿，雅典，希腊

建成还要早于希腊巴特农神殿几百年的在吉萨 Giza 的胡夫金字塔，其一面的高与底的一半的比也是黄金分割。埃及人的林德手卷(Rhind Papyrus)涉及一个"神圣的比例"。古代雕像以及文艺复兴时期的绘画中显示的比例都等于那个神圣的比例，黄金分割。

当作美丽象征被收寻到的黄金分割超出了花朵或建筑的范围。若干年前，在致斐波那契会社的一封信里，一位成员描述了通过询问一些履行实验的新婚夫妻，说明人们是多么期待找到黄金分割的。实验是请丈夫们测量他妻子肚脐的高并除以他妻子的身高，所得的结果是所有新婚夫妻的这个比例都接近 0.618。

20. 求未知数者

通过斐波那契和花拉子米的著作，数学从西班牙，然后到部分阿拉伯世界，最终进入中世纪的欧洲。那时的代数主要思想是解一个未知数的方程。今天我们称未知数为“x”,并试图取得“x”的某个值来求解方程。最简单的方程的例子是：$x-5=0$。这里,我们用简单的数学演算求“x”的值。如果我们在方程两边都加上 5,在方程左边得 $x-5+5$,而方程右边得 $0+5$。所以左边是 x,右边是 5。也就是 $x=5$。在花拉子米的时代,阿拉伯人称未知数为“东西”。东西一词在阿拉伯文中是“shai”。所以他们为得到未知数“shai”求解方程的方法,和前面求“x”的方法一样。当这些思想在欧洲变得重要时,阿拉伯文的“shai”被翻译成拉丁文。拉丁文“东西”是“res”,而在意大利文中它是“cosa”。因为欧洲最初的代数学家都是意大利人,所以“cosa”一词就附加在他们头上。因为他们关心求解一个未知数的方程,他们就以“求未知数者”(Cossists)而闻名。

正如 350 年前在巴比伦的情形一样,中世纪的数学和早期的复兴得益于商业的帮助。那时的商业社会增加了对贸易、交换率、利润、价格等问题的关注,这些问题有时转化成需要求解某个方程的数学问题。求未知数者们,像派斯里(Luca Pacioli, 1445—1514),卡丹诺(Geronimo Cardano, 1501—1576),塔太里奥(Niccolo Tartaglia, 1500—1557),和其他一些人都竞向解决为商业和贸易服务的问题。这些数学家还遇到了更抽象的问题,如广告的形式问题。因为他们要和对手竞争,他们必须花费时间努力解决比较复杂的问题,像求解立方方程(未知数“cosa”,或我们的“x”是三次的方程),使他们能更快更好地获得应用问题的结果。

1500 年代初期,塔太里奥找到了一种求解三次方程的方法,并秘密地将它保留,所以他在解决市场获利的问题上对竞争者保持着优势。在塔太里奥赢得了求解三次方程方面对其他数学家的优势后,卡丹诺强迫他公开他求解这个立方方程的秘密。塔太里奥说出了他的方法,但有一个条件,那就是卡丹诺必须对其他人继续保守这个秘密。但当卡丹诺从另一个 Cossists 斐洛那里知道了相同的方法后,他认为塔太里奥的方法是向这个人学来的,因而没有必要再保守秘密。接着 1545 年卡丹诺把求解三次方程的方法发表在他的书《伟大的艺术》(Ars Magna)上。塔太里奥感觉被出卖了,对卡丹诺非常生气。在他生命的最后时期,他花费大量时间诽谤他从前的朋友,并成功地削弱了卡丹诺的声望。

Cossists 被视为比起古希腊来是水平较低的数学家。他们专注于追求商业成功的应用问题,并且他们之间也没有发生争辩,他们寻找着数学中的美丽和有着各自目标的知识。他们未能发展起一种抽象的全面的数学理论。为此,人们需要回到古希腊。这恰好是这个世纪末所发生的事情。

第 四 章

21. 复兴和探索古代知识

自丢番图后过去了 1 300 年,中世纪的世界给出一条通向复兴和开创近代世纪的路径。走出中世纪的黑暗,渴望获取知识的欧罗巴开始觉醒。很多人的兴趣转向古代经典著作。在这搜寻知识和启蒙思想的复兴中,当时找得到的古书都被翻译成拉丁文——有文化者的语言。克劳德·巴赫特,一个法国贵族,是对数学有巨大兴趣的翻译者。他得到一部丢番图的希腊文算术的复制本,翻译了它,并于 1621 年在巴黎以《丢番图亚历山大算术》为名出版。费马得到的是此书的复制本。

费马定理说,不可能有任何超过平方的三元数组。即不存在这样的三元数组,两个数加在一起等于第三个数,这里的三个数都是整数的完全立方,或整数的四次幂,五次,六次,或任何其他次幂。费马是怎样获得这样一个定理的呢?

22. 平方,立方,和更高次

一个定理是已得到证明的一个命题。费马声称已有了一个"绝妙的证明",但没有见到证明和确认这个证明有效,任何人都不能称他的命题是一个定理。一个命题可能很深刻,意义深远并非常重要,但是没有证明它的确是真正成立的,那么只能称它是一个猜想或假设。一旦这个猜想得到证明,那么它就可被叫做一个*定理*,或如果它是导致一个意义更深远的定理而预先证明的命题的话,则叫做引理。由一个定理随后证明的结果叫做推论。费马有一些这样的命题。一个是,数 $2^{2^n}+1$ 总是一个素数。这个猜想不仅因为它未被证明而不是定理,实际上它已被证明是错误的。这是在之后一个世纪由伟大的瑞士数学家莱昂哈德·欧拉(Leonhard Euler，1707—1783)做出的。所以没有理由相信这个费马“大定理”是真实的。它可能是真的，也可能是错的。要证明费马大定理是错误的，只必须找到一个三元整数组和一个大于 2 的幂，满足关系式 $a^n + b^n = c^n$ 。还没有人曾找到这样一个整数组。(然而，假设存在这样一个解是后来试图证明定理的关键因素。)到 1990 年前，已经表明，对于任意一个小于四百万的 n 不存在这样的整数组。但这并不意味着这样的整数组不可能在某一天被找到。定理必须对一切整数和一切可能的幂都被证明。

费马自己已能证明 $n = 4$ 时他的大定理。他使用一种巧妙的他叫做“无穷递降”的方法，证明不存在满足 $a^4 + b^4 = c^4$ 的整数 a，b 和 c。他还知道如果对于幂 n 存在一个解，那么对于 n 的任意倍数这个解也存在。因而，人们仅需要考虑素数(大于 2 的)作为指数的情形，素数是不能被不同于 1 和自身的整数除尽的数。最初的一些素数是:2，3，5，7，11，13，17……这些数中没有一个被不同于 1 和自身的整数除后得整数。例如，数 6 不是素数，因为 6 被 3 除得 2——一个整数。费马也能证明 $n = 3$ 时他的大定理。莱昂哈德·欧拉独立于费马证明了 $n = 3$ 和 $n = 4$ 的情形，1828 年彼德·G. L. 狄利克雷证明了 $n = 5$ 的情形。1830 年勒让德证明了同一种情形。加布里尔·拉梅，和 1840 年帮助了他的亨利·勒贝格解决了 $n = 7$ 的情形。这样，在费马于他的丢番图书页空白处写出他著名的评注后 200 年，他的定理只在指数 3，4，5，6 和 7 的情形被证明是正确的。要证明定理对任意的指数 n，即对无穷的情形也是正确的还有很长的路要走。显然，需要一个对所有指数都适用的并且可能很长的一般证明方法。数学家们都在寻找这个难以擒获的一般方法，但不幸，他们寻找的方法都仅是对特殊指数而言的。

23. 演算法家

这里所说的演算法家是设计计算系统或算法的人。多产的瑞士数学家莱昂哈德·欧拉就是这样一个人，据说他演算时如同人们呼吸一样自然。但他的成就远远超过一个演算者。他是瑞士永久的最丰产的科学家，并且还是写了异常多卷的著作的数学家，以致瑞士政府要建立专门机构来收集他所有的著作。据说在两次叫他吃晚饭的间隙他也能完成数学论文。

1707 年 4 月 15 日莱昂哈德·欧拉生于巴塞尔。第二年全家搬到里琴村，在这里他父亲成为新教加尔文宗的牧师。当年轻的欧拉上学后，他父亲鼓励他学习神学，希望他将来能接替他成为乡村牧师。但欧拉显示出了杰出数学才能并受到瑞士当时的数学家约翰·伯努利的指导。伯努利数学家族很大,其中的两个年轻成员,丹尼尔·伯努利和尼古拉·伯努利成了欧拉的好朋友。这两人劝说莱昂哈德的父母允许欧拉从事数学研究,并说他会成为一位伟大的数学家。然而,莱昂哈德在数学研究外仍继续着神学,并且宗教感情和习惯成了他生活的一部分。

那时在欧洲的数学和科学研究,并不是如同我们今天这样最先产生在大学里。那时大学更多的是从事教学,不允许在其他活动上花费较多时间。十八世纪的研究工作最先是在皇家学会做的。君主会支持那时追求知识的一流科学家。某些知识是属于应用的,会有助于政府改善整个国家的状况。另一些研究较"纯粹",即这些研究有它自己的目的——为人类知识的进步。君主慷慨地支持皇家学会的会导致改善人们生活的科学研究工作。

当他在贝塞尔大学完成了他的数学研究,以及神学和希伯来文的研究后,欧拉开始申请教授职位。尽管他已做出了巨大成就,但他还是被拒绝了。与此同时,他的两个朋友丹尼尔·伯努利和尼古拉·伯努利作为数学家正被邀在俄罗斯圣·彼得堡的皇家学会工作。他们两人和欧拉保持着联系,并答应无论如何要为他争取他们在那里的同样的工作。一天,两位伯努利给欧拉寄去一封急信,告诉他,圣·彼得堡学会的医药部有一空缺职位。于是欧拉在贝塞尔大学就立即开始研究生理学和医药学。他对医药学有时并不感兴趣,但他迫切需要一个绝好的职位,希望能像他的两位朋友那样,没有具体工作任务而能在俄罗斯做自己的研究。

欧拉无论研究什么,包括研究医药都能发现数学。研究耳朵的生理把他引向波的传播的数学分析。总之,不久从圣·彼得堡来的一个邀请来到了,他于1727年和两位朋友会合在了一起。然而,在彼得大帝的妻子卡瑟琳,这位研究工作的巨大支持者去世后,皇家学会出现了混乱。在混乱中,莱昂哈德·欧拉的名字在医药部丢失了,不知怎么却列在数学部的名单上,而这正是他应去的地方。6年里,他逐渐地降低了人们想知道如何发生了这一改变的好奇心,并谢绝一切社交活动以避免这个改变被发现。这整个时期,他日以继夜地工作,产生了大量一流的数学著作。1733年他被提升到学会数学部的领导位置。很明显,欧拉是一个在任何地方任何情形下都能工作的人,例如他的家庭添加人口后,他常能一只手臂抱着婴儿的同时做他的数学研究。

当彼得大帝伟大的侄女安娜·伊瓦诺娃成了俄罗斯的女皇时,一个恐怖时期开始了,而欧拉则再次隐藏起来,埋头于他的数学工作10年。在此期间,他还研究过巴黎提供奖金的一个天文学的困难问题。许多数学家为研究这个问题需要离开学会好几个月。而欧拉三天里就解决了它。但这项非常吃力的工作也使他失去很多,他的右眼瞎了。

欧拉曾转移到德国的皇家学会去过，但他与德国人不能融洽相处，因为那时他们喜欢冗长的哲学讨论而不是他的数学。俄罗斯的卡瑟琳邀请欧拉返回圣·彼得堡学会，他也以愉快的心情回来了。那时，哲学家迪代洛(Denis Diderot)，一个无神论者，正在卡瑟琳的宫廷访问。这位女皇请欧拉与迪代洛就上帝的存在性进行辩论。与此同时，迪代洛被告知，伟大的数学家欧拉已有了一个上帝存在性的证明。欧拉趋近迪代洛，并大声说："先生，$a+b/n=x$，因此上帝是存在的；回答！"迪代洛对数学一窍不通，只能放弃辩论立即回法国去。

在他第二次生活于俄罗斯期间，他第二只眼睛也失明了。但在儿子的帮助下他继续做着数学研究，他儿子为他书写记录。失明程度的增加使他能集中精力在头脑里做复杂的计算。欧拉继续数学研究 17 年，直到 1783 年正在和他外孙玩耍时去世。我们今天使用的许多数学理论都归功于欧拉。其中包括当做虚数的单位的字母 i 的使用，i 是 -1 的平方根。欧拉喜爱一个他认为是最美丽的公式，并提交给了学会。这个公式是：

$$e^{i\pi}+1=0$$

此公式有我们数系的基础，1 和 0；有数的三个运算：加法，乘法和指数运算；还有两个自然数 π 和 e；以及还有虚数的单位 i。此公式视觉上也是赏心阅目的。

24. 柯尼斯堡七桥问题

欧拉在数学上的奇思妙想，不只是他发现了虚数，以及他的有关虚数的开创性工作(今天称为复分析)。他在另一个领域里做的开创性工作，将成为 20 世纪里数学研究工作中——和试图解决费马秘密的工作中不可或缺的。这个领域是拓扑学，一种研究空间构形在连续函数的变换下保持不变的性质的理论。它研究纠缠一起的不可预期的几何形状和形式，已从通常的 3 维空间推广到 4 维，5 维或更高维空间。当我们用现代方法接近费马的问题时，将会再次遇到这充满魅力的领域，因为拓扑学——表面看它与费马方程毫无关系——对理解费马的问题非常重要。

欧拉对早期拓扑学的发展的贡献是著名的柯尼斯堡的七桥问题。这是他开始对拓扑学感兴趣的一个谜题。在欧拉那时，七座桥横跨在柯尼斯堡镇的普雷格尔河上。草图表示如下。

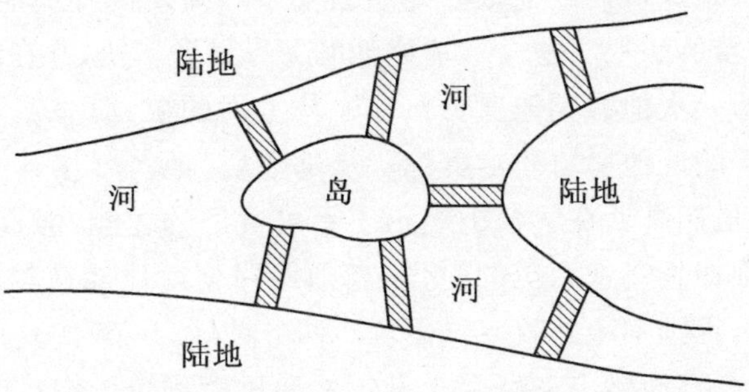

欧拉问，是否有一条路线，散步者沿此路线能走过所有七座桥，而且每一座桥都只走一次。这是不可能的。近代由于对七桥问题感兴趣而提出和研究的另一个问题，是各种各样地图的着色问题。一位制图学家绘制了一幅世界地图。在此图里，每个国家都要着不同的颜色，以便能与直接相邻的国家区分。任何两个彼此完全分离的国家可能正好上着同一种颜色。这个问题是，在不使任何相邻的两个国家着同一个色的条件下，一幅地图最少需要几种颜色？当然，这是一个一般问题，并不限于当今世界的地图是怎样的。问题是现实的，即在一平面上给出地图的所有可能的构形，可以最少使用几种颜色？给定前南斯拉夫和中东的两个国家间的边界，由于这两个地区的政治实体间有很不平常的曲线，所以使这个问题变成了相关的应用问题。

就数学来说，这是一个拓扑问题。1852 年十月，伽瑟利(Francis Guthrie)正在为一幅英国地图着色。他思考了要区别各个国家最少要使用几种颜色。他得到的结果应是四种颜色。1879 年给出了这个数确实是四的一个证明，但后来发现这个证明是错误的。几乎是一个世纪后，1976 年，两个年轻的数学家海肯(Haken)和艾普尔(Appel)证明了这个已非常著名的四色地图问题。然而，这个证明认为是值得商榷的，因为它是用计算机得到的，而不是用纯粹的数学逻辑。

25. 高斯，伟大的德国天才

后来发现欧拉对于 $n=3$（即立方）的费马大定理的证明有一个错误，这被卡尔·弗里德利希·高斯(Carl Friedrich Gauss, 1777—1855)改正了。那时大多数有名望的数学家都是法国人，但毫无疑问是那个时代——并且也可能是所有时代——最伟大的数学家的高斯，却是地道的德国人。事实上，他从未离开过德国，即使是短期的访问。高斯的祖父是一个非常贫穷的农民，其父是不伦瑞克的一个劳作者。他的父亲对他很严厉，但他的母亲保护并鼓励她的儿子。幼小的高斯也得到他舅舅，他母亲道洛瑟的兄弟弗里德利希的照料。这个舅舅比他的父母稍微富裕，并在纺织界有一点好名声。当高斯3岁时，一次他看到他舅舅在加账簿上面的数，他突然说："弗里德利希舅舅，这个计算是错误的。"他舅舅非常震惊。从那以后，他舅舅尽其所能地帮助教育和关照这个小天才。虽然高斯在学校里显示了不可置信的才能，但有时却未能被发现。一天，在其他同学都在教室外面玩的时候，老师惩罚高斯让他在教室里把从1到100的全部数加在一起，否则不能到教室外面玩。两分钟后，10岁的高斯已经和其他同学在一起玩了。老师大怒地跑出来喊道："卡尔·弗里德利希！你难道想得到更严厉的惩罚吗？我让你把从1到100的全部数加在一起后才能出来玩的！""但我已经有了答案。"高斯说道，并向老师举起写有正确答案5050的那片纸。高斯是这样找到答案的。他写出各有101个数的两行：

$$\begin{array}{cccccccccc} 0 & 1 & 2 & 3 & \cdots\cdots\cdots\cdots & 97 & 98 & 99 & 100 \\ 100 & 99 & 98 & 97 & \cdots\cdots\cdots\cdots & 3 & 2 & 1 & 0 \end{array}$$

他注意到每一列的和是100，所以不用再加上什么。一共有101列，所有这些数的和是$101 \times 100 = 10\,100$。现在，这两行中的任一行有他需要的和——从1到100的所有数相加。因为他需要的仅是其中的一行，所以答案应是10 100之半，或5 050。他认为非常简单。这位老师由此得到教训，再也不以指定数学问题来惩罚高斯了。

当他15岁时，经由不伦瑞克的公爵的帮助，进入不伦瑞克学院。这位公爵后来也支持他进入著名的哥廷根大学。1796年3月30日，在那里高斯开始写下了他著名日记的第一页。这日记只有十九页，但在这些页里，简短记录了146个他已经导出的重要而意义深远的数学结果。以后发现，后来十八和十九世纪的几乎每一个由其他数学家发表的重要数学概念，都在高斯这未出版的日记中预告了。这本日记一直被隐藏着，1898年才在属于高斯孙子的物件中被发现。

高斯通过正常通信与那时的数学家共享的数论方面的结果，对于数学家要证明费马大定理的所有努力来说非常重要。这些结果中有很多包含在1801年，高斯24岁时用拉丁文出版的一本数论的书中。这本叫做《算术研究》的书被翻译成法文，1807年在巴黎出版，得到广泛的注意。它被认为是天才的著作。高斯把它献给他的恩人，那位不伦瑞克的公爵。

高斯也是一位古典语言的杰出学者。他进入学院学习时已经掌握了拉丁文，并对神学感兴趣，这些使他的学术生涯处于十字路口。他应当继续研究语言抑或是数学呢？转折点出现在1796年3月30日。从他的日记里，我们知道在这一天他下定决心专攻数学。虽然他对数学和统计学的许多领域都作出了贡献，但他相信数论是全部数学的心脏。

但是为什么这伟大的德国天才从来不打算证明费马大定理呢？1816年3月7日高斯的朋友H. W. M. 奥伯斯寄给他一封信，信中奥伯斯告诉高斯，巴黎科学院悬赏高额奖金给证明或否定费马大定理的人。高斯肯定能获此赏金，他的朋友建议说。在那时，高斯接受了不伦瑞克的公爵的财务支持，可以专心做他的数学研究，他似乎做遍了所有数学工作。但他并不富裕。如奥伯斯指出的，没有其他数学家在经验和才能上能接近高斯。“在我看来，亲爱的高斯，你应当为此而忙碌一段时间。”他下结论说。

两星期后，高斯对奥伯斯有关费马大定理的意见给他回了一封信：“对你提供的巴黎那个奖的消息，我表示非常感谢。但我认为费马大定理作为一个孤立的命题，我几乎没有什么兴趣，因为我能轻易地写下很多这样的命题，既不能证明它们也不能否定它们。”但实际上，高斯对现称作复分析的数学的一个分支作出了巨大贡献，复分析是结合欧拉研究过的虚数的一个领域。而虚数在20世纪里，对理解费马大定理的内容将起到决定性作用。

26. 虚数

复数域是基于通常实数和欧拉已经知道的虚数上的一个数域。当数学家想寻找和定义一类数，它们能是如 $x^2+1=0$ 那种方程的根，这时产生了这些数。对于这个简单的方程，它没有实数解，因为没有一个实数的平方是-1——它加上1答案是零。但如果不管怎样我们能定义-1的平方根作为一个数，那么——当没有一个实数时——它就是这个方程的解。

因而数轴被扩充到包括虚数。这些数是-1的平方根记为i的倍数。它们被放在与实数轴垂直的虚数轴上。这两个轴放在一起给我们的是复平面。复平面表示如下。它有很多惊人的性质，像旋转是乘以i。

复平面是包含所有二次方程的解的最小的数域。它已被发现非常有用，甚至可应用在工程、流体力学以及其他领域中。1811年，他那个时代的几十年前，高斯正在研究复平面上的函数的性态。他发现了这些函数的，已知的如解析函数的某些奇妙性质。高斯发现解析函数是非常光滑的，并且它们可做特别干净的计算。解析函数具有保角性，即保持此平面上直线和弧之间的角度不变——一个在20世纪将变得非常有意义的特性。某种叫做模形式的解析函数,将证明在对费马问题的新方法中是具有决定性的。

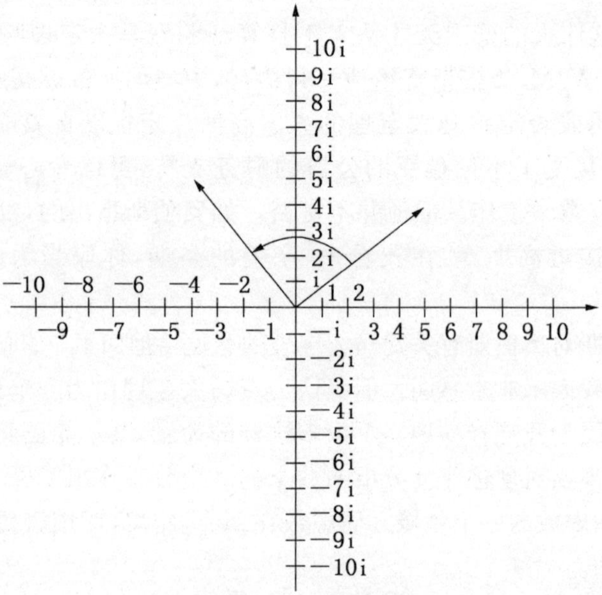

乘以 i 是逆时针旋转

由于他的谨慎,高斯没有发表这些使人印象深刻的结果。他在给他的朋友贝塞尔(Friedrich Wilhelm Bessel)的一封信中提到过它们。当若干年后这理论未附加高斯名字重新出现时,其他数学家们都对高斯在相同解析函数上的工作理解得如此之好深表叹服。

27. 索菲·热尔曼

有一天,高斯收到一封来自某个"蒙歇尔·勒布朗"先生的来信。勒布朗迷恋于高斯的书《算术研究》并把一些算术理论的新结果寄给他。通过随后在数学方面的通信交往,勒布朗先生和他的工作赢得了高斯的敬重。甚至当高斯发现与他通信者的真名并不是勒布朗,信的署名没有冠以"先生"的时候,这种敬意也未减弱。这位向高斯写出令人信服的信笺的数学家是那个时代极为罕见的活跃在数学界的女士,索菲·热尔曼(1776—1831)。事实上,在发现此误会后,高斯给她写信说:

> 当我明白我尊敬的通信者勒布朗先生把自己变成为做出如此辉煌的范例的卓越人物，并且这些范例是我难以相信的时候，我真的不知道该怎样向你描述我的钦佩和震惊……

索菲·热尔曼使用男人的名字，是为了避免那时盛行的并得到高斯严重注意的反对妇女参与科学的偏见。她是试图证明费马大定理的最重要的数学家之一，并对此问题的进展做出了显著贡献。使她获得许多认可的索菲·热尔曼定理是，如果 $n=5$ 的费马方程有一解，那么此解的三个数必有一个能被 5 整除。这个定理把费马大定理分为两种情形：情形Ⅰ是数不能被 5 整除，而情形Ⅱ是数能被 5 整除。这个定理被推广到其他的幂，并且索菲·热尔曼给出了一个一般的定理，它断定情形Ⅰ中对于所有小于 100 的素数 n，费马大定理都可得到证明。这是一个重要的结果，因为由它可归结出费马大定理失败只可能在情形Ⅱ小于 100 的素数时出现。[10]

当为得到帮助，高斯询问他的朋友"勒布朗"时，索菲·热尔曼必须除去她一直使用的伪装。1807 年，拿破仑占领了德国。法国向德国强征战争罚款，并根据每个居民的收入决定所应负担的总量。作为一个哥廷根的杰出教授和天文学家，高斯被规定要负担 2 000 法郎——远远超出他的收入。伟大高斯的许多法国数学家朋友向他提供了帮助，但他拒绝接受他们的金钱。高斯希望有人为了他的利益能与汉诺威的法国将军徘讷缔协调。

他给他的朋友蒙歇尔·勒布朗写了一封信，问他是否为高斯的利益能与法国将军联系。索菲·热尔曼愉快地答应了，并由此知道她是女性。但从高斯的信中看到，他是深为感动的，他们之间一直保持着通信，并进一步发展到很多数学论题。不幸，两人从未谋面。1831 年索菲·热尔曼死于巴黎，恰在哥廷根大学根据高斯的推荐要授予她荣誉博士之前。

索菲·热尔曼除了对求解费马大定理的贡献外，还有很多其他的成就。她在声学和弹性理论，以及应用和纯粹数学的其他领域中都有建树。在数论中，她也证明了关于能导致可解方程的素数的定理。

28. 1811 年闪耀的彗星

高斯在确定行星轨道的天文学中做过很多工作。1811 年 8 月 22 日，他首先观察到一颗在夜空中直观很难见到的彗星。他已能预告这颗小彗星绕太阳运行的准确轨道。当这小彗星变得清晰明亮并闪耀着划过天空时，那些看见它的被压制的欧洲人民十分惊讶，认为这是上天宣示拿破仑将要完蛋。而高斯看见的是运行在按照精确数学计算所得的轨道上的彗星。但不科学的消息有时是对的——次年拿破仑被打败并从俄罗斯退却。高斯得到安慰。看到从他和他的国家强夺了大量财物的法国军队被打败他是高兴的。

29. 弟子

1826年10月挪威数学家阿贝尔(Niels Henrik Abel)到巴黎访问。在那里他打算会见其他的数学家——巴黎那时是数学的麦加圣地。给阿贝尔印象最深的人之一是狄利克雷(1805—1859)，一个也正在巴黎访问的普鲁士人，并且吸引了这年轻的挪威人，一眼就认为他是一个普鲁士伙伴。给阿贝尔印象极深的是这样的事实，狄利克雷已经证明了 $n=5$ 的费马大定理。在他给朋友的一封信中提到，它也被勒让德(1752—1833)所证明。阿贝尔描述的勒让德是极谦虚但却老练的人。勒让德在狄利克雷之后两年独立地证明了 $n=5$ 的费马结果。不幸，这样的事总在勒让德身上发生——他的很多工作都稍微落在其他较年轻数学家之后。

狄利克雷是高斯的弟子也是他的朋友。当高斯伟大的著述《算术研究》出版后，很快销售一空。甚至与高斯工作有关的数学家也难觅一本。但同时很多人却不能深刻理解高斯这本书的内容。狄利克雷得到了一个复印本。他在很多次旅行中都带着它，如到巴黎，罗马，和欧洲大陆的某一地方。每到一地，他睡觉时都把这本书放在枕头下面。高斯的书对他变得如同教徒对《圣经》般熟悉：天才的狄利克雷在向世界阐述和解释高斯这本书上比任何人做的都更多更好。

除推广和解释《算术研究》，以及证明了五次幂的费马大定理外，狄利克雷还有许多重要数学发现。狄利克雷证明的一个有趣结果是与下述的级数有关的：a, $a+b$, $a+2b$, $a+3b$, $a+4b$, ……循此以往，这里 a 和 b 是没有异于1的公因子的整数。(也就是它们是像2和3，或3和5这样的数；而不是像2和4，它们有公因子2，或6和9，它们有公因子3那样的数。)狄利克雷证明了这样一个级数含有无穷多个素数。狄利克雷的证明中的一个关键是他采用了一个巧妙的手法，它使用了那时看起来与数论毫无关联的一个数学分支，叫做分析的领域，而要证明的问题理所当然却是属于数论的。分析的领域，这是包括微积分的一个重要的数学领域。分析处理的是连续的事物：直线上数连续统上的函数，它们似乎与整数和素数像数论的领地像的离散世界相去甚远。

类似地在看似不同的数学分支间架起一座桥来，将会导致我们 20 世纪破解费马大定理。狄利克雷是勇敢地把分离的数学分支统合起来的前驱者。这位弟子后来接替了他老师的职位。当 1855 年高斯去世时，狄利克雷放弃了他在柏林的很有声望的职位，而接受了到哥廷根大学接替高斯职位的荣誉。

第五章

30. 拿破仑时代的数学家 61

法国皇帝喜欢数学家，尽管他自己不懂数学。特别接近他的两个数学家是蒙日(Gaspard Monge，1746—1818)和傅立叶(Joseph Feurier，1768—1818)。1798年，拿破仑带着他们俩与他一起到埃及，帮助他“文明化”那个古代国家。

1768年3月21日傅立叶生于法国的奥克塞尔，但他8岁时成了孤儿，并在当地主教的帮助下进入军事学校。甚至在他仅12岁时，就会给巴黎的那些自己不动手的教会显要写讲道稿，显示出将会有美好前途。1789年的法国革命把年轻的傅立叶从牧师般的生活中解救了出来。取而代之的是他成为一位数学教授，并且是革命的热诚支持者。当革命走向恐怖的道路时，他不能容忍它的残暴。他利用他的雄辩才能，多年为他人写讲道稿，作反对过激的演讲。傅立叶也利用他绝妙的公共讲话才能在巴黎最好的学校教授数学。

傅立叶感兴趣的是工程，应用数学和物理。在巴黎综合工科学校时，他对这些领域都做了深入研究，并且他的许多论文呈交给了科学院。他的名气引起拿破仑对他的注意，在1798年，这个皇帝要傅立叶在他的旗舰上陪伴他，该旗舰是在法国驰向埃及的五百艘船只组成的舰队的前头。傅立叶是文化军团的一部分。这军团的责任是“把欧洲文明的全部好处赠送给埃及人民”。当埃及被侵入的舰队征服时，文化同时被带给这些人民。在埃及，这两位数学家创立了埃及人的研究院，并且傅立叶在那里一直停留到1802年，该年他回到法国并做了一个地区的长官。他负责许多为公众服务的工作，如湿地排水和扑灭疾病等。傅立叶，这个从数学家转过来的行政官，在做这些工作的同时，还能找到时间进行他的一流的数学研究。傅立叶的杰出贡献是他回答了热的数学理论的重要问题:热是如何传导的? 此项工作使他赢得了法国科学院 1812 年的大奖。他这部分工作是基于他在埃及的沙漠中已做过的实验。他的一些朋友相信,这些实验,包括他把自己放在封闭房间里的高强度的热流中,使他过早地于 62 岁时去世。

傅立叶生命的最后几年是在讲述有关拿破仑以及他与拿破仑密切交往的小故事中度过的。然而,傅立叶在对于热的研究中,使他永远扬名的是他发展了重要的周期函数理论。一个这种周期函数的级数,当它以特别的方式用来逼近其他函数时则被称为傅立叶级数。

31. 周期函数[63]

最简单明白的周期函数的例子是你的手表。一分钟又一分钟,大针沿圆周运动 60 分钟后,回到恰是它开始的同一个地方。然后它继续运动,并在 60 分钟后再次回到同一点。(当然,小针按小时也将改变位置。)手表的分针是一个周期函数。它的周期恰是 60 分钟。一定意义上,无尽的所有分钟组成的时间可用这手表壳上方的卷绕的大针表示:

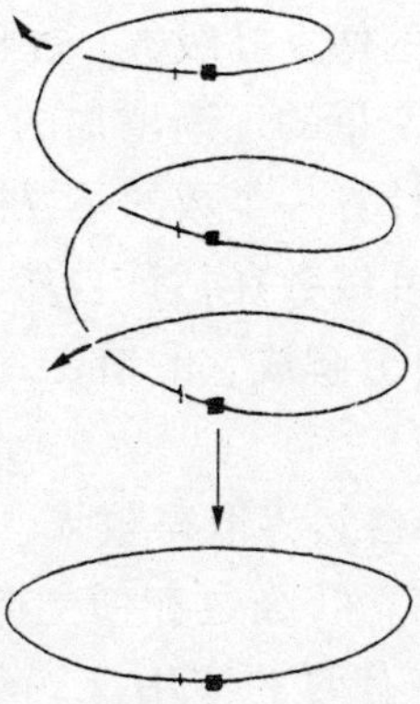

举另一个例子,在快速运行的火车机头上,有把能量从引擎转到车轮的摇臂,当它旋转时车轮忽上忽下的沿轮圈运动。轮子每转一整圈,这个臂就回到它原来的位置——它也是周期的。此臂的垂直高度,当火车车轮的半径是一个单位时,被定义为正弦函数。这是中学教过的初等三角函数。余弦函数是对臂的水平度量。正弦和余弦两者都是臂与过轮心的水平线之间夹角的函数。这如下图所示。

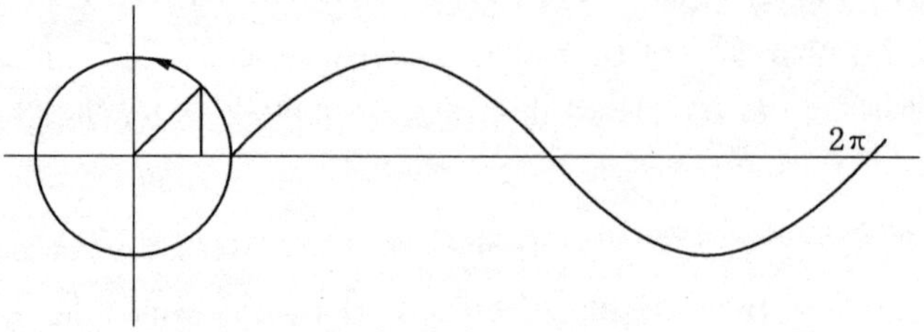

随着火车向前运行，臂的垂直高度的轨迹是如上所见的波形曲线。此波形是周期的。它的周期是360°。最初臂高是零，然后它按波形逐渐上升直至为一，接着下降再到零，然后为负值直至一，接着负值再回到零。并且一直循环进行。

傅立叶发现的是，大多数函数都能用很多（理论上当达到几乎完全精确时，将是无穷多个）正弦和余弦函数的和来逼近，并可达到任意精确的程度。这是傅立叶级数的著名结果。这种借助很多正弦和余弦函数的任意函数的展开式是非常有用的，在数学的很多应用中，涉及的实际数学表示式研究起来很困难，但乘以不同因子的正弦和余弦的和，却能容易处理和估值——并在计算机上特别实用。已知的如数值分析这样的数学领域，就是估计函数和其他数值的计算机方法。傅立叶分析是数值分析的实质部分，并由研究困难问题的多种技巧组成，许多非封闭形式（也就是，用最简单的数学表达式给出）的解，使用了周期函数的傅立叶级数。在傅立叶的先驱工作之后，利用其他简单函数，大多是多项式（即一个变量的逐渐增加的幂：平方、立方，如此等等）的展开式也发展起来了。当你用计算器计算一个数的平方根时，实际做的是求基于此方法得到的近似值。正弦和余弦的傅立叶级数在估计自然界由周期因素组成的现象时特别有效——例如，音乐。一段音乐可分解成它的谐音。潮汐，月亮的盈亏，以及太阳斑点都是简单周期现象的例子。

在傅立叶的周期函数应用于自然界取得效果，应用于有巨大重要意义的计算方法的同时，令人惊讶的事实是，傅立叶级数和傅立叶分析在从来不是傅立叶主要兴趣之一的纯粹数学中找到了某些有效的应用。20世纪，傅立叶级数在数论中扮演了这样一个角色，即作为志村五郎工作中把数学元素从一个领域变换到另一个领域的工具。（证明志村五郎的猜想是证明费马大定理的难点。）傅立叶周期函数推广到把这两个数学领域连接起来的复平面上，将导致自守函数和模形式的发现——经过另一位法国数学家亨利·庞加莱在20世纪初的工作，它们对求解费马大定理有强大影响。

32. 拉梅的证明

在 1847 年 3 月 1 日巴黎科学院的大会上，数学家拉梅(Gabriel Lame, 1795—1870)非常激动地宣告他已获得一个费马大定理的一般证明。直到那时，只是对特殊的 n 做探讨，并且已给出了定理在 $n = 3, 4, 5, 7$ 时的证明。拉梅提出他有一个对问题的任意幂 n 都有效的一般方法。拉梅的方法是把费马方程的左边 $x^n + y^n$ 分解为复数线性因子。然后拉梅表现得较谦逊，认为光荣不应完全属于他，因为他提出的方法是刘维尔(Joseph Liouville, 1809—1882)介绍给他的。但刘维尔后来给拉梅设置了障碍并且漠视任何荣誉。他平静地说，拉梅没有对费马大定理做出证明，因为他使用的因子分解不是唯一的(也就是说，有多种方式实施因子分解，所以没有解)。它是众多尝试中勇敢的一次，但它没有结出果实。然而，因子分解的概念，即把方程分解为因子的乘积式，将被再次试用。

33. 理想数

再次试用因子分解的人是库默尔(Ernst Eduard Kummer, 1810—1893)——他比同时代任何人更接近于得到费马大定理的一般解。事实上，库默尔创立了数学里的一个完整理论，即是在试图证明费马大定理中获得的关于理想数的理论。

库默尔的母亲，当她的孩子 3 岁时就成了寡妇，她辛苦地工作以保证他的儿子能受到良好教育。库默尔 18 岁时进入哈雷大学学习神学，在德国，这是为他自己的教堂生活做准备。一个有眼光的热心于代数和数论的教授，极力鼓动年轻的库默尔使其对这两个领域感兴趣，并使他不久就放弃神学而改学数学。在他当学生的第三年，年轻的库默尔解决了一个困难的数学问题，并得到了为此问题提供的奖金。随着获此成功后，他 21 岁时获得了数学博士学位。

但库默尔未能在大学求得一个职位，因而他不得不在预科学校(高中)从事教师职业。他当了 10 年中学教师。在此期间，他做了很多研究，他把它们发表了并写信告诉那时著名的一些数学家。他的朋友们认为，这样一位天才的数学家竟在高中教数学是悲哀的。在某些著名数学家的帮助下，库默尔成为布莱斯劳大学的教授。1 年后，1855 年高斯去世。狄利克雷离开了他在柏林一所名望大学的旧职位，到哥廷根接替了高斯的位置。库默尔被选为接替柏林狄利克雷的职位。他退休前一直在此任上。

库默尔研究的数学问题，范围很广，从非常抽象的到非常实用的广阔范围——甚至还有数学在战争中的应用。但他在费马大定理上的深入工作使他特别出名。在他之前，法国数学家柯西（Augustin-Louis Cauchy，1789—1857）思考过他寻找费马问题的一般解期间出现的一类数。但不知疲倦的，不很细心的柯西认识到，在每一次努力中，问题总比他设想的要大得多。在他一直工作其中的数域里总是不具有他所需要的性质。于是柯西把此问题放下了，转而去做其他事情。

库默尔对费马大定理很着迷，并且在他寻找解的努力中，也使他碰到柯西同样的麻烦问题。但当他认识到这数域不具有某种性质时，他不是放弃希望，而是代之以发明具有他需要性质的新数。这些数他叫做“理想数”。这样，库默尔就从他在努力证明费马大定理时使用的模糊不清的概念中发展出一个完整的理论。他并由此可以思考他最后的一般证明，但不幸是还需要弥补另一些不足。

然而，库默尔在他攻克费马问题的征途中的确取得了辉煌的成功。他使用理想数的研究工作使他得以证明费马大定理对指数 n 为很广一类素数时是正确的。他证明了费马大定理对于无穷多的指数是正确的，即那些指数是“正则”素数。他排除了“非正则”素数。小于 100 的非正则素数只有 37，59 和 67。然后库默尔单独一个个研究这些非正则素数时费马大定理是否成立。约 1850 年，利用库默尔的不可思议的数的分类，人们已经知道费马大定理对小于 $n = 100$ 的所有素数，以及对此范围内的素数的无穷多个倍数都是正确的。这是一项相当大的成就，尽管它还不是一个一般证明并且还留下无穷多个不能证明定理是否正确的数。

1816 年法国科学院提供一项赏金，奖给任何能证明费马大定理的人。1850 年该科学院再次提供一个金牌和 3 000 法郎奖给能证明费马大定理的数学家。1856 年，这科学院决定撤销此奖，因为看起来求得费马问题的一个解答不是紧迫任务。作为替代，科学院把此奖颁给库默尔，“为他在由单位根和整数组成的复数上的漂亮的研究。”这样，库默尔获得了他从未申请过的奖金。

库默尔继续不知疲倦地在费马大定理上努力，只在 1874 年停止他的研究。库默尔在四维空间几何上做出了开创性工作。他的某些结果在现代物理已知如量子力学中非常有用。1893 年，库默尔在他八十多岁时死于流行性感冒。

库默尔理想数的成功得到了数学家们的高度赞扬，其程度甚至超过了他利用这些数在求解费马问题上所获的实际进展。人们求解费马大定理时激发了这一著名的理论的出现，这一事实表明新理论在通过试图解决具体问题中是如何得到发展的。事实上，库默尔理想数的理论导致现已著名的“理想”理论，它在 20 世纪怀尔斯和其他数学家有关费马大定理的工作中已取得了成效。

34. 另一项赏金

1908 年，德国悬赏 100 000 马克的奖金给任何提供费马大定理的一般解的人。奖金消息发布后的第一年里，人们提交了 621 个“解”。但它们被发现全部是错误的。随后的几年里，又提交了上千个“解”，同样也是不正确的。1920 年，德国的高通货膨胀使 100 000 马克的实际价值变得微乎其微。但费马大定理的错误证明却仍蜂拥而至。

35. 非欧几里得几何

19 世纪，数学的一个新发展开始了。分别是匈牙利人波利亚（Janos Bolyai，1802—1860）和俄罗斯人罗巴契夫斯基（Nicolas Ivanovitch Lobachersky，1793—1856），改变了几何学的面貌。去掉欧几里得的两条平行线不相交的公理，这两个人分别独立地建立起这样一个几何世界，保留了很多欧几里得几何的性质但允许两条平行线在无穷远处相交。例如，在如球体的球面上能看到一个不同的几何学。局部看，两条经线是平行的。但实际上，当它们延伸到北极时，这两条线就在那里相交了。新几何学可解决许多问题，并可解释直到那时看起来还是神秘和无解决办法的一些情形。

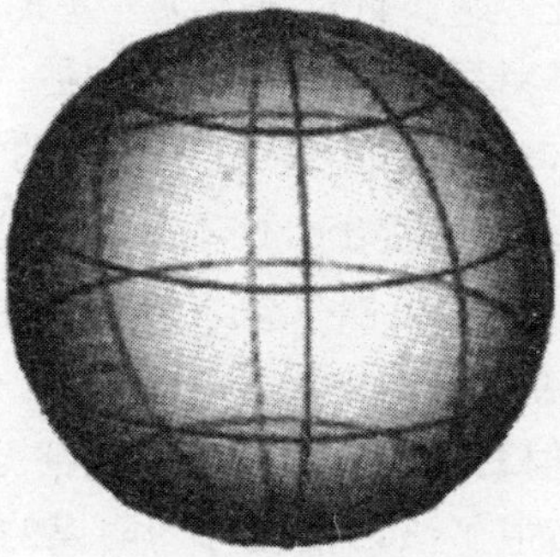

36. 美丽与悲剧

抽象代数，这一从人们在学校里接触并熟悉的代数，即作为解方程的一个系统中导出的新领域，在 19 世纪被创立和发展起来。在这个领域里，最耀眼的是美丽的伽罗瓦理论。

1811 年伽罗瓦生于巴黎附近的一个叫做拉赖因堡（Bourg-la-Reme）的小市镇。

他的父亲是这个小市镇的市长且是一个坚定的共和主义者。年轻的伽罗瓦在民主和自由的理想中成长。不幸,那时法国的大多数人还是被相反方向引导。拿破仑的法国革命来而复去。自由,平等和友爱的梦想仍然没有实现。保皇派们高兴地返回法国,波旁再次加冕为法国国王——现在与人民的代表们一起统治。

伽罗瓦的生活沉浸在崇高的革命理想中。他是一位理想家,常向共和主义者们发表激动人心的演说。另一方面,作为一个数学家,他是具有空前才华的天才。还是在少年,伽罗瓦就吸收了他那时成人数学家所知道的代数和方程的全部理论,并且——仍是一个学童——发展成他自己的今日称为伽罗瓦理论的完整体系。不幸,在他的悲剧性短暂人生中,他没有获得任何一点认可。在他的寄宿学校里,当其他人都睡觉时,他在熬夜写下了他的理论。他把它寄给了法国科学院院长——数学家柯西——希望柯西能帮助他发表这一理论。但柯西不只是因为忙,他还傲慢和粗心大意。他没有读伽罗瓦的杰出手稿,最终它被当成废纸。

伽罗瓦再作尝试,但结果依旧。与此同时,他也未能通过巴黎综合工科学校的入学考试,这所学校是当时法国大多数有名的数学家接受教育之处。伽罗瓦有一个总是在头脑里把事情思考彻底的习惯。在他得到确实结果前他从不做笔记或把事情写下来。这是一种注重概念更甚于细节的方法。年轻的伽罗瓦对细节只有少许耐心和兴趣,他感兴趣的是伟大的概念,大理论的美丽。结果,当他参加在黑板前的考试时,伽罗瓦表现得不是最好。这就是他两次打算进入他梦想的学校遭到失败的原因。两次在黑板前他都不能很好地把事项写下来,并且当问到他认为并不重要的细节时他就急躁、愤怒。这是个真正的悲剧,一个有不可置信的才华的年轻人,被一个没有能力不能理解他的深刻概念的考官来询问,并提出一些不内行的他所厌恶的烦琐细节。当他意识到这第二次也是最后一次的努力将以失败告终,该所学校的大门将对他永久关闭时,伽罗瓦激愤地把黑板擦扔在了考官的脸上。

伽罗瓦必须选择次好的学校,巴黎师范学院。但甚至在那里他过得也不顺。伽罗瓦的父亲,那个小市镇的市长,成了该市镇牧师们阴谋的靶子。在一份牧师们随意传播的色情诗里,签上了市长的名字。几个月后,这一精神虐待使伽罗瓦的父亲失去了自信,认为世界对他来说已到了尽头,逐渐地不再与任何人接触,并到了巴黎。在距他儿子学习的地方不远的一个公寓里,他自杀了。年轻的伽罗瓦一直没有从这个悲剧中恢复过来。纠缠于 1830 年革命失败的原因,和要挫败伽罗瓦认为是保皇派和牧师们的辩护者的学院院长,伽罗瓦写了一封批评院长的长信。当全巴黎的学生都起来反对旧统治制度,在街道上暴动三天后,伽罗瓦深受鼓舞。伽罗瓦和他的同学被锁在学院大门内,他们翻爬不出高墙围篱。愤怒的伽罗瓦把批评和挖苦院长的信寄给了院报。

其结果是他被学院开除了。但伽罗瓦是无畏的——他给院报写了第二封信,声明学院学生有权为尊严和良心而大声呼喊。他没有得到回答。

离开学院后,伽罗瓦开始为私人提供数学授课。他想教的是法国学校不教的他自己的数学理论,而他那时年仅 19 岁。但他找不来学生——他的理论太先进了,远远超出他的那个时代。

面对不确定的未来和不再能受正规教育的命运,不顾一切的伽罗瓦加入了法国国民警卫队的炮兵支队。警卫队里存在着很多与伽罗瓦的政治哲学接近的自由分子。在警卫队期间,伽罗瓦做了出版他的数学著作的最后一次努力。他写了一篇论方程的一般解——今天认为是美丽的伽罗瓦理论——的论文,并且把它寄给了法国科学院的泊松(Siméon-Denio Poisson, 1781—1840)。泊松看了这篇论文,但确定它是"不可理解的"。这再次表明,19 岁的伽罗瓦远远走在他那个时代的任何一个法国老数学家的前面,他的优美的新理论超出了他们所能理解的程度。在那一时刻,他决定放弃数学,并成为一个职业革命家。他说过,如果需要一个投身于革命的人的生命,那么他可以献出他的生命。

1831 年 5 月 9 日,200 名年轻的共和主义者举行一个宴会,在此宴会上他们抗议和反对国王解散警卫队炮兵的命令。他们还举杯庆祝法国革命和它的英雄,以及 1830 年的新革命。伽罗瓦站起来并提议干杯。他说"向路易斯·菲立普",这个欧兰斯的公爵,当时是法兰西的国王。同时他举起杯子,并用另一只手拿起一把打开的小刀。这举动被解释为是对国王的一个威胁,并会引起暴动。第二天伽罗瓦就被逮捕了。

在审问他是否威胁国王的生命时,他的代理人申辩道,伽罗瓦在举起刀子时确实说的是,"向路易斯·菲立普,如果他变成一个叛徒。"并且伽罗瓦的一些炮兵朋友对此提供了证明,最后法官认定伽罗瓦无罪。伽罗瓦从放证据的桌上取回他的刀子,合上并放进口袋,离开法庭成为自由人。但他所获的自由不很长。一个月后他作为一个危险的共和分子又被逮捕,没有任何理由就把他关在监牢里,尽管当局一直在寻找托词。他们后来终于找到一个借口——穿已解散的炮兵的制服。伽罗瓦就因此在监牢里被关了 6 个月。保皇派们为终于把这个 20 岁的青年投入监狱而感到高兴,因为他们认为伽罗瓦是反对旧制度的一个最危险的敌人。一段时间后,伽罗瓦被要求宣誓假释并有了一定的行动自由。接着发生了什么成了待解的问题。在假释期间,伽罗瓦遇到一位年轻的女士并坠入爱河。有些人认为他被保皇派敌人算计了,他们想一次性地结束他的革命活动。总之,与他在一起的女士可能是个道德有问题的人。一当这两人彼此相爱成了恋人,一个保皇党人就出面来"拯救她的荣誉",并向伽罗瓦挑战,要与他决斗。这年轻的数学家不能容忍这样的污辱。他可以做任何的事但决不逃避决斗。

在决斗前的那夜,伽罗瓦写了几封信。这些信有的是写给认为他是被保皇党人所陷害的朋友的。他写道,两个保皇党人要与他决斗,为了荣誉,他没有把决斗的消息告诉共和派的朋友。“我死于一个坏女人的阴谋里。这是我的生命将要结束时的悲惨的呼喊。哦,为什么死于如此琐碎的小事上,哦,为什么死于如此卑鄙的一些事情上!”但在决斗前最后那一夜的大部分时间里,伽罗瓦仔细地写下了他的完整的数学理论,并把它寄给了他的朋友薛万列(Auguste Chevalier)。1832 年 5 月 30 日黎明,在一片荒地上,伽罗瓦勇敢地面对他的挑战者。他胃部被射中,一个人痛苦地躺倒在地上。没有人去叫医生。最后,一个农民发现了他,并把他送到医院,第二天早晨他死于该医院。时年他 20 岁。1846 年,数学家刘维尔(Joseph Liouville)编辑并在一份杂志上出版了伽罗瓦优美的数学理论。伽罗瓦群论为一个半世纪后攻克费马大定理的方法提供了关键步骤。

37. 另一个受害者

柯西的傲慢和粗心大意还损害了另一位杰出数学家的一生。阿贝尔(Niels Hensik Abel,1802—1829)是挪威的一个乡村牧师的儿子。当他 16 岁时,一个教师鼓励阿贝尔读高斯的伟大著作《算术研究》。阿贝尔甚至成功地补充了该书某些定理证明中的脱节。但两年后,他父亲去世,年轻的阿贝尔必须停止他的数学研究,集中精力支持他的家庭。尽管他面对着巨大困难,阿贝尔仍安排时间继续他的某些数学研究,并且在他 19 岁时做出了一个值得注意的数学发现。1824 年他发表了一篇论文,在此论文中他证明了五次方程不可能有解。就这样阿贝尔解决了他那时的最有名的难题之一。但天才而年轻的数学家仍没有获得任何科学职务,他仍不好意思地需要家庭的支持,所以他给柯西寄去他的著作,希望能得到柯西的帮助,能发表和承认他的著作。他寄给柯西的论文是极具一般性的。但柯西把它丢失了。当这篇论文几年后付诸印刷时,对阿贝尔的帮助已经是来得太晚了。1829 年阿贝尔死于肺结核病,也带走了贫穷和悲惨情况下仍要支持他那家庭的那份窘迫。他死后两天,一封邀请他当柏林大学教授的信却来到了。

阿贝尔群(现在用一个词并写为小“a”表示阿贝尔群)的概念在近代代数中是非常重要的,并且是费马问题近代处理方法中的一个关键因素。阿贝尔群是数学运算的次序可以颠倒而不影响其结果的一个群。阿贝尔种类是一个甚至更抽象的代数实体,并且它的使用在近代求解费马大定理的方法中也是重要的。

38. 戴德金的理想理论

卡尔·弗里德利希·高斯的传统延续了一个世纪。高斯最杰出的数学继承者之一是理查德·戴德金(Richard Dedekind，1831—1916)，他生于大师高斯出生的同一小镇，德国的不伦瑞克。然而，与高斯不同，戴德金少年时没有显示出对数学的兴趣和才能。他对物理和化学比较感兴趣，仅把数学看做是科学的一个仆人。但他 17 岁时，进入伟大高斯得到数学训练的同一个学校——卡洛琳学院——并由此改变了他的未来。戴德金变得对数学感兴趣了，并且进而到哥廷根大学求学，那时高斯正在该大学教授数学。1852 年，21 岁的戴德金从高斯那里接受了博士学位。这位大师对他的学生有关微积分的论文感到“完全满意”。这不是过分的夸奖，事实上，戴德金的天才还没有开始真正显露。

1854 年，戴德金被指定为哥廷根大学的讲师。当 1855 年高斯去世，狄利克雷从柏林到哥廷根接替高斯的职位后，戴德金参加了狄利克雷在哥廷根的全部讲课，并且编辑了后来狄利克雷有关数论的先进论述，还增加了基于他自己工作的一个补充。这个补充包含了戴德金发展的关于代数数理论的梗概，这里代数数被定义为代数方程的解。它们包括数的方根与有理数的乘法。代数数域在费马方程的研究中是非常重要的，因为它们产生自各种不同类型的方程的解。这样戴德金在数论内发展出一个意义深远的领域。

戴德金对费马大定理的近代方法的最伟大贡献是他对理想理论所做出的发展，理想是从库默尔的理想数抽象出来的。在戴德金做出的理想理论一百年后，理想使巴厘·梅修尔获得灵感，并且梅修尔的工作又被安德鲁·怀尔斯利用。

1857—8 的学术年里，理查德·戴德金开出了关于伽罗瓦理论的第一个数学课程。戴德金理解的数学是非常抽象的，并且他把群论提升到了今天所理解和讲授的近代水平。抽象化已产生出可能是 20 世纪处理费马问题的方法。戴德金的有关伽罗瓦创立的群论的跳跃式课程是此方向的巨大一步。有两个学生参加了这个课程。

戴德金的生涯有一奇怪的转折。他离开了哥廷根到了另一所大学，并在 5 年后的 1862 年回到了不伦瑞克，在那里的一所高中教了 50 年书。没有人能解释一位把代数提升到难以置信的抽象和一般高水平的杰出数学家为什么要离开欧洲最有名望的职位之一，而到一所不知名的中学去教书。戴德金一生没有结婚，并多年与他的姐姐住在一起。1916 年他逝世，并在他生命的最后岁月仍保持着敏锐和活跃的思维。

第　六　章

39. 全才庞加莱[79]

在19世纪的转折点时，法国出现了一个在极广泛多样的领域内具有伟大才能的数学家。亨利·庞加莱(Henri Poincare，1854—1912)的知识之宏大已拓展延伸到数学之外。1902年和后来，当他已经是著名数学家时，他写了一些数学通俗书籍。各种年龄段的人都在读他这些作品，并已成了巴黎咖啡馆和公园里的一道公共风景。

庞加莱生在一个有巨大成就的家庭。他的舅父雷蒙德·庞加莱，是第一次世界大战时期法国的一位总统。其他的一些家庭成员也有法国政府和公共服务机关的职位。

从年轻时起，庞加莱就显示出惊人的记忆力。他能背诵他读过的书的任一页。然而，他对人情世故的漠然态度也是难以让人相信的。一次，一位数学家从很远的地方到巴黎来见庞加莱，想讨论某些数学问题。这位访问者在庞加莱的研究室外等了3个钟头，当时庞加莱一直在室内来回慢慢踱步——他一生在工作时的习惯。最后，漠然的庞加莱把头探进接待室，大声说："先生，你正在打扰我！"于是访问者立即离去，从此再也没来过巴黎。

庞加莱的才能在小学时就被人们知道。但因为他是如此的全面发展者——一个活的文艺复兴时代的人——以致他对数学的特殊状态还未明显表示出来。他早年显示出极好的写作能力。一个欣赏和鼓励他的教师一直珍藏着他的学校作文。然而，在这方面，有关的老师觉得必须谨慎地对待年轻的天才："不要做得这么好，请……尝试做得普通些。"提出这种建议的教师有很好的理由。显然，法国的教育工作者从半世纪前伽罗瓦的不幸遭遇中吸取了教训——教师发现天才学生在刻板无生气的考试面前通常都是失败的。他的老师非常担心庞加莱因太杰出而不能通过那些考试。作为一个儿童，庞加莱是茫然的。他经常偷着吃肉，因为他忘记了他是否吃过。

年轻的庞加莱最初是对古典语言感兴趣，并学会把它写好。到少年时期，庞加莱开始对数学感兴趣，并立即做得很好。他喜欢一边在屋里踱步一边在头脑里把全部问题思考清楚，然后坐下并匆匆把每一事项写出。这一点，他像伽罗瓦和欧拉。当他最后参加考试时，数学他也几乎没有能够通得过，正如他的小学老师早先担心的那样。但他最终还是通过了，仅仅是因为他——那时他十七岁——作为数学家的名气已大到主考官不敢让他不通过。"如果不是庞加莱，任何这样一个学生都会得到不及格的分数"，主考官宣布他已通过可在综合工科大学学习。并且成为他那时的最伟大的法国数学家。

庞加莱所写的书范围很广，包括数学、数学物理、天文以及科普。他写的有关他发展的新数学课题的论文超过 500 页。他做出的主要贡献是在欧拉开始的拓扑学领域。然而，庞加莱的结果是如此重要，正是因 1895 年庞加莱的书《Analysis Situs》(位置分析)出版，数学的这个分支才真正成为独立的领域。拓扑学——形状，曲面和连续函数的研究——在 20 世纪末期理解费马问题时是重要的。但对解费马大定理的近代方法更具实质意义的是庞加莱开创的另一领域。

40. 模形式[82]

庞加莱研究了周期函数，像傅立叶的正弦和余弦函数——不只是如傅立叶在数轴上所做的，而且还在复平面内。正弦函数 $\sin x$，是半径为 1 的圆当角为 x 时的垂直高度。这个函数是周期性的：它当角取周期 360°的倍数时一次又一次重复得到同一值。这个周期性是对称的。庞加莱检验了复平面，如下图所示此复平面包含水平轴上的实数和垂直轴上的虚数：

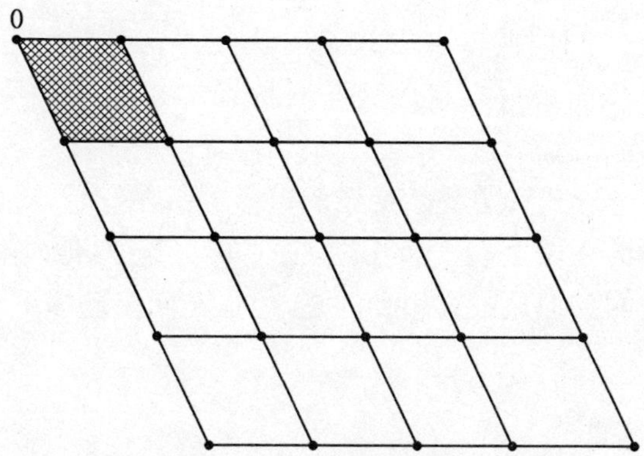

这里，一周期函数可认为沿实轴和沿虚轴都具有周期性。庞加莱甚至走得更远并且适当规定了存在具有更广周期性的函数。这些函数当复变量 z 按照 $f(z) \rightarrow f(az+b/cz+d)$ 发生变化时仍保持不变。这里元素 a, b, c, d 排列成一个矩阵，组成一代数群。这意味着存在无穷个可能的变化。它们都可彼此变换并且函数 f 在此变换群下是不变量。庞加莱称这种怪异的函数为自守形式。

自守形式是非常非常奇怪的创造物，因为它们满足很多内部对称。庞加莱不曾肯定它们一定存在。事实上，庞加莱这样描述他的研究：他说有 15 天的早晨他会醒来并坐在桌旁思考两个钟头，试图搞清自己发明的自守形式是不可能存在的。经这 15 天，他认识到他是错误的。这些奇怪的函数，很难直观想象，但确实存在。庞加莱甚至把它们推广到更复杂的函数，叫做模形式。这模形式活动在复平面的上半平面上，并且它们具有双曲几何的性质。也就是说，它们生活在一奇怪的，遵从波利亚和罗巴契夫斯基规则的非欧几里得几何空间里。过这半平面里的任一点，存在很多条平行于给定直线的“直线”。

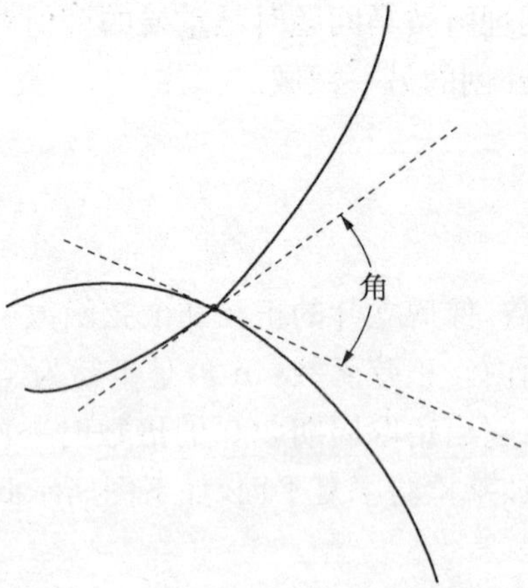

这奇特的模形式在此空间内按多种方式是对称的。这种对称性可通过对函数增加一个数并反转它如 1/z 而获得。利用这些对称性的复上半平面的铺展情形如下图所示。

庞加莱把对称自守形式和更复杂交错的模形式留在身后，转而去做其他的数学问题。他忙碌在如此多的领域里，上述的仅是很少的一部分，他没有时间坐下来并仔细考虑这难以想象的美丽。但他没有想到的是，他在花园里已播下了另一粒最终引出费马解的种子。

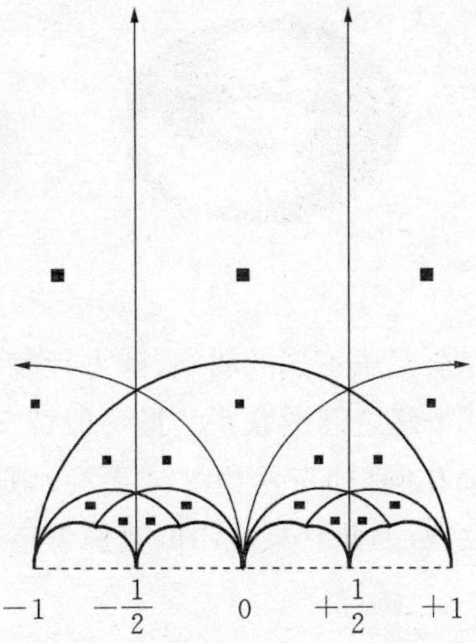

41. 与拓扑学的意外联系

1922 年，美国数学家莫德尔(Louis Mordell)发现他思考的是代数方程的解与拓扑学之间的奇怪联系。拓扑学的基本元素是曲面和空间。这些曲面可以是任意维的：二维的，像古希腊几何学中的图形，或它们可能是三维空间里的，或更高维的。拓扑学研究的是作用在这些空间上的连续函数，以及空间本身的性质。莫德尔关心的拓扑学那部分是三维空间里的曲面之一。这种曲面的最简单例子是一个球面：它是一个像篮球那样的球的表面。这个球是三维的，但它的表面(假设没有深度)是一个二维对象。地球的表面是另一个例子。地球本身是三维的：地球上和地球内部的任一地方可由它的经度(一维)，纬度(第二维)，和它的深度(第三维)给定。但地球的表面(没有深度)是二维的，因为地球曲面上的任一点可由两个数确定：它的经度和纬度。

三维空间里的二维曲面可按照它们的亏格分类。亏格是曲面的孔洞的数目。球面的亏格是零，因为球面没有孔洞。一个轮胎面有一个孔洞，因此轮胎面(数学上称为环面)的亏格是 1。孔洞意指完全穿过曲面的一个洞。两个把手的杯面有穿过它的两个洞，因此它是亏格为 2 的曲面。

亏格 1 的曲面用连续函数能变换为另一张亏格相同的曲面。变换亏格 1 曲面到亏格不同的曲面仅有的方法是封闭或打开某些孔洞。它用连续函数是不可能做到的，因为它需要某种撕破或捏合，而这些中的每一个数学上都是不连续的。

莫德尔发现了一种奇怪的完全意想不到的联系，即方程解空间的曲面孔洞(亏格)的个数与方程是否有有限或无限个解之间的联系。最一般意义上说，使用复数得到的解空间曲面如果有两个或更多个孔洞(即有亏格 2 或更高)，那么该方程只有有限个整数解。莫德尔未能证明他的发现，因此它只能叫做莫德尔猜想。

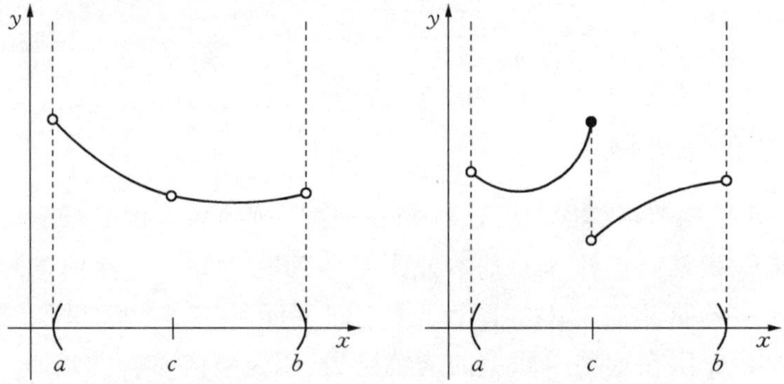

一个连续函数　　一个不连续函数

42. 佛廷斯的证明[87]

1983 年，27 岁的德国数学家佛廷斯(1957—　，Gerd Faltings)已能证明莫德尔猜想。佛廷斯对费马大定理不感兴趣，认为它是数论里的孤立问题。他的证明，使用了与本世纪发展起来的有效的代数几何的方法结合在一起的最高明技巧，对搞清费马大定理的状态有深刻启示。因为 n 大于 3 的费马方程的亏格是 2 或更大，所以很显然，如果费马方程存在整数解那么它们是有限个(这使人感到高兴，因为它们的个数现在被限定了)。此后不久，两位数学家格兰尔和黑斯·布朗，使用佛廷斯的结果证明了，费马方程解的个数如果它们存在，那么随指数 n 的增加而减少。并还证明了当 n 增加时，费马大定理为真的指数部分趋近于百分之百。

换句话说，费马大定理“几乎总是”对的。如果费马方程有解(这种情形时，定理不真),那么这样的解很少并且它们之间相离很远。因此,1983 年费马大定理的研究状况是这样的。定理对直到一百万的 n 得到证明(1992 年此限制增加到四百万)。此外,对于更大的 n,如果解存在,那么它们会非常少且随 n 增加而减少。

43. 神秘的且名字可笑的希腊将军[88]

在法国出版的有一打优秀的法文数学书,作者的署名都为尼古拉斯·布尔拔基(Nicolas Bourbaki)。那时,是曾有一个名叫布尔拔基(1816—1897)的希腊将军。1862 年他试图夺取希腊王位,但他失败了。这个将军在佛朗哥-普鲁士战争中扮演了一个重要角色,并在法国的南西(Nancy)城有他的雕像。但布尔拔基将军对数学一无所知。他也从未写过一本有关数学或其他内容的书。谁写了这么多冒用他名字的数学书呢?

答案是在两次世界大战之间巴黎处于幸运的时期里。海明威(Hemingway),毕加索(Picasso)和马蒂斯(Matisse)不只是愿意在这里坐在咖啡馆里,他们还会见朋友,看别人也被别人看。那时,在巴黎大学的左岸附近同样咖啡馆里,一个响当当的数学协会正在繁荣成长。来自大学的数学教授们也愿意在美丽的卢森堡花园旁,宽阔林荫道上的咖啡馆或好啤酒店里畅饮,会见朋友和讨论……。数学。巴黎的春天的日子鼓舞着作家、艺术家以及数学家们。可以设想,一个阳光明媚的日子,在一个令人喜爱的咖啡馆里,聚集了一群数学家。当他们热烈地争论一个理论的某些亮点时,友爱之情弥漫在他们之间。他们的纵情欢乐可能打扰了海明威,因为他喜欢独自一人在咖啡馆里写作,他可能只好离开这里,到另一个不太喜欢的地方去。但数学家们并不在乎。他们尊重每一个同伴,和挤满数学家的咖啡馆——所有人都说有关数、符号、空间以及函数的同样的语言——这里使他们心醉神迷。“这就是毕达哥拉斯学派们在他们谈到数学时必然已经感觉的,”也许是这群人当中程度较高的一个扶起鼻梁上的眼镜时说。“但他们不喝伯纳得(Pernod),”另一个人说,所有人大笑。“但是我们不能像他们,”第一个人回答。“为什么我们不能组织自己的会社?自然是一个秘密的。”响起一片欢呼声。有人建议借用老将军布尔拔基的名字。这个建议有一个原因。在那些日子里,巴黎大学数学系有一个传统,每年邀请一位专业演员把他自己如布尔拔基那样介绍给聚在一起的教授和大学生们。然后他会做一个长时间的数学双关语独白表演。这样的介绍是非常搞笑开心的,因为近代数学理论的丰富多样已产生很广大的一部分词汇,用它们既可以描述数学,也可以描述日常生活中有不同意义的事物。其中之一是“稠密”这个词。有理数被说成是在实数内是稠密的,意指在有理数的任意一个邻域内的有无理数。但稠密在日常生活中是指有很多很多的东西在一起。

今天的大学生们也喜欢玩同样的双关意义词语的游戏,并喜欢讲美丽的多项式遇见光滑算子卷积 P_i 的故事(多项式,光滑算子,以及卷积、P_i 都是数学术语)。

所以这些数学家写的书都冠以布尔拔基的名字。最初的布尔拔基研讨会,不定期地讨论数学概念和理论。这个会社的成员们都支持会社的数学结果用假名布尔拔基,认为这比用单个成员的名字好些。

但布尔拔基会社的成员不是毕达哥拉斯学派们。在书本的作者是尼古拉斯·布尔拔基的同时,研究结果如定理和它们的证明——它们的名声远远超过书本——被冠以获得这些结果的个别数学家的名字。安德烈·韦依(André Weil,1906—)是布尔拔基会社的最初成员之一,他后来移居美国,到普林斯顿的高等研究研究院(简称 IAS)工作。他的名字将和导致费马问题的解决的重要猜想联系在一起。

布尔拔基会社的另一个创立者是法国数学家丢栋尼(Dieudonne),他像会社的大多数"纯法国"数学家一样迁往美国的大学谋发展。丢栋尼是冠以集体名字布尔拔基的很多书的主要作者,他摘要指出单个假名布尔拔基的著作的某个错误。丢栋尼曾发表过一篇冠以布尔拔基名字的论文。这篇论文被发现有一个错误,因而丢栋尼接着发表一条题目为"论布尔拔基的一个错误"的注记,并签上丢栋尼的大名。[11]

这个会社——它的成员都是法国人,但他们大多数生活在美国——的病态特征在与布尔拔基先生联系上后表现得更明显。通常,布尔拔基的出版者列举他的加盟者时,有像"南加哥大学"的,南加哥是法国城市南西的带有芝加哥意味的一个时髦名称。但布尔拔基仅在法国出版,而它的成员通常在法国某一热闹城市相聚,在与大学生的辩论中,不只是用法语交谈。盲目的爱国主义存在于这些分散居住在美国各地的法国数学家之中。安德烈·韦依,这位布尔拔基的创立者,发表了很多重要的英文写就的论文。但他的写有与费马问题有关的猜想的著作集,是以法文题目 Oeuvres 在法国出版的。后面将谈到,韦依的不光彩的行动将会伤害我们故事中的一个主要人物,并且韦依也没有从这个过失中恢复。

布尔拔基的成员们必须给他们集体的秉性以信誉。约四十年前,美国数学学会收到一封来自布尔拔基一成员的申请信。学会主任很冷静。他给布尔拔基先生的回答是,要加入学会必须申请成为一个研究员(这必须有更多的经验)。布尔拔基未写回信。

44. 椭圆曲线

对丢番图问题——即 3 世纪由丢番图给出的方程中产生的问题——的研究,20

世纪时因开始使用叫做椭圆曲线的数学对象而越来越多。但椭圆曲线不涉及椭圆形状。先前几世纪它们是与椭圆函数相联系的,反过来被设计成能帮助计算椭圆的周长。谈到数学上的许多新奇想法,这个领域的先驱者当首推高斯。

奇怪的是,椭圆曲线既不是椭圆也不是椭圆函数——它们是二元三次多项式。例如:$y^2 = ax^3 + bx^2 + cx$ 其中 a,b 和 c 是整数或有理数(我们涉及的椭圆曲线都在有理数上)。这类椭圆曲线的一些例子如下图所示[13]。

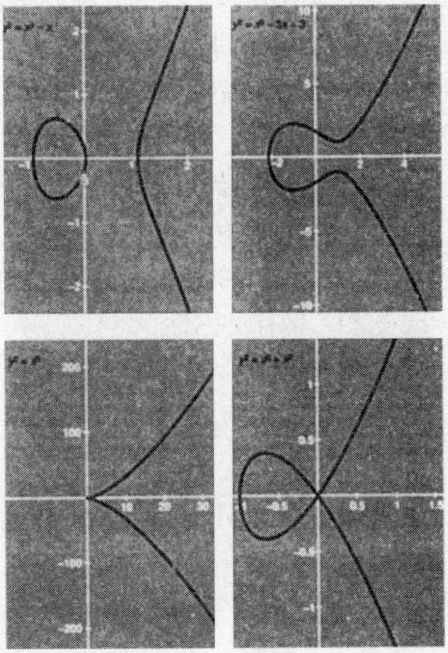

当注视椭圆曲线上的一个有理点时——也就是,人们看到的曲线上的点只是两个整数之比(不是无理数,像 π 或 2 的平方根,等等),这些点组成一个群。这意味着它们有很好的性质。取曲线上任意两个解,它们能被稠密地“增加”产生第三个曲线上的解。数论因与椭圆曲线接合而更具魅力,因为它们能回答有关方程和它们的解的许多问题。这样,椭圆曲线变成了数论中主要研究工具之一[14]。

45. 奇特的猜想

有些数论专家知道,他们研究的某些椭圆曲线是模椭圆曲线。也就是,这些少数椭圆曲线被看做是与模形式联系着的。某些椭圆曲线能与复平面及具有很多对称性的双曲空间内的函数相联系。不清楚这些联系为什么发生以及是怎样发生的。即使对专家来说，数学也是极为复杂的，存在着美妙的和谐性的内部结构，人们知之甚少。这种椭圆曲线的确是那种具有有趣性质的模椭圆曲线。不久某个人将做出一个大胆的猜想，即所有椭圆曲线都是模椭圆曲线（简称模曲线）。

上半复平面的非欧几里得空间内存在的模形式，其对称性是如此复杂以致它们很难被直观形象化。要理解椭圆曲线与这种模形式相联系的概念，看一个非常简单的例子是很有用的。这例子考查的曲线并不是椭圆曲线；把二元三次方程改换成一个二元二次方程：这曲线是由 $x^2+y^2=a^2$ 给出的，半径为 a 圆心是零的简单的圆。现在看简单的周期函数：$x=a\cos t$，和 $y=a\sin t$。那么这两个方程能表示圆方程中的 x 和 y。这个圆方程在此意义下是与模形式相联系的。理由是 $\sin^2 t+\cos^2 t=1$ 为三角恒等式，并且此公式可替代圆方程恒等式。

一个模椭圆曲线恰是这一思想到更复杂的复平面的一个推广，该复平面有一特殊的非欧几里得几何特性。这里，周期函数的对称性不只是关于单个变量 t 的，也是关于直线上的正弦和余弦的——它们是自守的，或是复平面上的模形式，其关于更复杂的变换（$f(z) \rightarrow f(az+b/cz+d)$）具有对称性。

第七章

46. 东京，日本，1950年代初期[94]

20世纪50年代初，日本是一个刚从战争破坏中复苏的国家。人民不再饥饿，但他们仍然贫穷并且对于普通的人来说仍要为日常生活而辛劳。工厂也正在废墟上重建，商业也已恢复，弥漫着一股有希望的情绪。

那时在日本，大学的生活还是困难的。学生之间的竞争很激烈：好的成绩意味着毕业后有好的工作。对于搞纯数学的博士生来说情况也完全是这样，因为大学的职位尽管薪酬很低，但仍很稀缺。谷山丰就是这样一位数学博士生。1927年11月12日他生于距东京北面约30里的一个小镇，是一乡村医生家庭里的8个孩子中的最小一个。他年轻时，开始学习数学学科，其中包含阿贝尔变量的复数乘法。关于这一学科他所知不多，谷山丰处在困难时候。更不好的事情是，他发现东京大学老教授所讲的内容实际上没有什么用处。他必需自己推导每一细节和描述他数学研究中的每一目标，他常用意为“努力战斗”和“艰苦奋斗”的4个汉字为自己打气。

谷山丰住在一单居室仅81平方英尺的公寓里。这座楼房每一层只有一个卫生间，供全层的所有居民共用。如要洗浴，谷山丰必须到离这座楼稍远的公共浴室去。这窄细的公寓楼房被叫做“静山别墅”，这是嘲讽它坐落在繁忙的街道旁，并且紧邻每隔几分钟就过一趟机车的铁路。也可能这倒使谷山丰能更好地集中注意力于他的研究，年轻的他几乎整夜地工作，经常到早晨6点当喧嚣的白天来临时才上床睡觉。除了炎热的夏天外，他几乎每天都穿着同样的带金属光的蓝·绿外衣。如他向他的好朋友志村解释的，这是他父亲从一小贩那里买来的非常便宜的料子。但因为它太鲜艳了，家里没有一个人敢穿它。谷山丰不在乎别人怎样看自己，最终自愿用这料子制成这他日常穿的衣服。

1953 年谷山丰从东京大学毕业，并在数学系得到“专职研究生”的职位。他的朋友志村早 1 年毕业，并在学校对过的教育学院有类似的数学职位。他们的友谊开始于这样的一件事。他们中的一个人给另一人写了一封信，询问一本新发行的数学杂志是否已还回图书馆了，而这本数学杂志是他们共同感兴趣的。他们经常在一家不贵的餐馆里一起吃饭，这个餐馆是提供西餐的，如有在日本逐渐流行起来的炖牛舌。[15]

那时在日本已有一些优秀的数学家。一旦某个数学家有了些名望，他或她就会打算到美国或欧洲的大学去，那里建立了更多的数学团体并有可能联系更多的数学家进行同一领域的研究。这种联系对于指导仅少数人知道的神秘领域的研究是重要的。为了加强和提高对相同领域都有兴趣的人们的研究工作，1955 年 9 月这两位朋友帮助举办了东京-日光关于代数数论的研讨会。这个小型会议里的某些命题，在注定保持长期不明就里的同时，将会最后导致几乎 40 年后一个激烈争论的重大结果。

谷山丰

在 1955 年东京——日光会议上

自左至右：T. Tamagawa，塞尔，谷山丰，韦依

志村五郎，大约 1965 年，当他第一次发展了他的猜想时

47. 一个有希望的起点

这两位朋友希望有必要的政府形式的文件，以便安排好会议的场所设施，以及向愿意参会的当地和外国的数学家发出邀请。安德烈·韦依那时已离开法国并是芝加哥大学的教授，他也被邀请出席会议。在此次国际会议 5 年前，韦依已经把一个不知名的猜想介绍给数学界并引起人们兴趣，这是以数学家汉斯名字命名的关于"在一数域上变化的 ζ 函数"的猜想。这朦胧的论述对于数论研究者有某些兴趣。显然，韦依在他的论文集里已经收集了数论中的这些猜测性的想法，包括得到汉斯认可的这个猜想。

他对这一领域中的结果的兴趣吸引了谷山丰和志村的注意，并且他们很高兴他能接受邀请参加他们的会议。另一位参加东京-日光会议的外国数学家是较年轻的法国数学家塞尔(Jean-Pierre Serre)，他那时还不能成为布尔拔基的成员，因为这个协会只要著名的数学家，他在随后十年将成为其成员。塞尔被其他数学家描述为是有雄心的和渴望激烈竞争的人。他希望到东京后能尽可能地多知道一些。日本人所知道的关于数论的一些知识和他们发表的很多结果仅限于日本国内，对于世界其余地方都还未知。因为会议使用的是英语，所以这是一次了解这些结果的极好机会。他是出席会议的熟悉有关数学知识的少数非日本的数学家之一。研讨会的进行过程将会出版，但将只是日文。20 年后，塞尔将会描述东京——日光(Nikko)研讨会的一些事件，世界将听到他的翻译——不是日文录音。

会议录包括 36 个问题。问题 10，11，12 和 13 是谷山丰写的。类似汉斯的想法，谷山丰的问题继续了关于 ζ 函数的猜想。他似乎把复平面的庞加莱的自守函数与一椭圆曲线的 ζ 函数联系了起来。一椭圆曲线不知为何会与复平面的某种事物联系起来，这太不可思议了。

48. "你在说什么……？"[99]

上述这四个问题中体现的猜想是模糊不清的。谷山丰没有用非常清晰的方式把问题公式化，可能因为他对这个联系究竟是什么还没有足够把握。但基本思想是存在的。这是一种直觉，一种强烈的感觉，即在复平面上具有很多对称性的自守函数不知为何与丢番图方程有联系。这肯定不是显然的。他在搜索两个非常不同的数学分支之间的隐藏着的联系。

安德烈·韦依想要确切知道谷山丰心里想的是什么。按照当时所做的、后在日本出版的会议录记载，韦依和谷山丰之间有过如下的对话[16]：

韦依：你认为所有椭圆函数可与模函数相匹配吗？

谷山丰：仅模函数将是不够的。我想自守函数的其他特殊类型是必要的。

韦依：当然它们中的某些也许按此方式能掌握。但在一般情况下，它们看起来完全不同且很神秘……

从这谈话中，两件事是明白无误的。首先，作为与椭圆曲线的联系比起"仅模函数"谷山丰更看重"自守函数"。以及第二，韦依不相信一般情况下存在这样的联系。后来，他更加专注于这个怀疑，但令人惊异的情形产生了，人们认为他的名字与这个猜想不再有联系，他既没有建立此猜想甚至也不相信它是对的。命运有时会奇怪而难以置信地转折，并且甚至更奇怪的事件将要发生。

所有这些是10年后的事情了。人们知道了谷山丰的确切意思和想法，并且说成是给现代历史的一份礼物。但是，不幸的是，悲剧悄悄逼近了谷山丰，就如同很多其他年轻天才的经历那样。

随后两年里，志村五郎离开了东京，先到巴黎，然后到了普林斯顿的高等研究院。但这两位朋友用电子邮件继续通信。1958年9月，志村收到了谷山丰写的最后一封信。1958年11月17日晨，谷山丰31岁生日后第5天，他被发现死于公寓里，书桌上有他的自杀遗书。

49. 志村的猜想

东京学术会议过了10年后，志村五郎在普林斯顿继续他的数论，ζ函数，和椭圆曲线的研究。他理解的他朋友出错的地方，和他自己的研究，以及对数学内在和谐一致的搜寻，都促使他建立一个不同的，更大胆和精确的猜想。他的猜想是，任一有理数域上的椭圆曲线可用一模形式与之匹配。模形式比起谷山丰的自守函数来是复平面上更特殊的元素。专指如有理数域这种域，和其他一些修改，都是重要的更正。

志村猜想可用一图片解释：

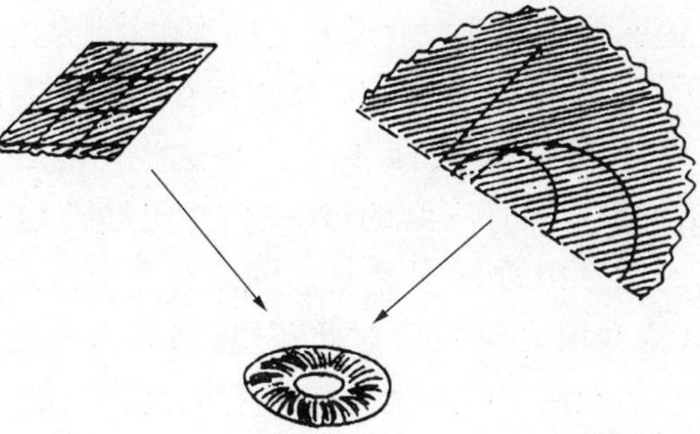

若我们“折叠”复平面如一环面(图片里的轮胎),那么这曲面将支持有理数域上椭圆方程的所有的解,这些解依次产生自丢番图方程。后来对费马大定理的解重要的是,如果费马方程存在一个解,那么这个解必在此环面上。现在,志村猜想每一带有理系数(即方程的系数形如 a/b,其中 a,b 是整数)的椭圆曲线在庞加莱的非欧几里得双曲几何的复半平面上有一“配偶”。每一有理椭圆曲线的这一特殊配偶是上半复平面上的一非常特殊的函数,它在该平面的复杂变换下是不变量——即先前提到过的变换:$f(z) \rightarrow f(az+b/cz+d)$,其系数形成有很多意想不到的对称性的一个群。所有这些非常复杂,技术性非常强,并且如大多数数学家几十年来相信的那样在可预见的将来是不可能证明的。

志村猜想就像是说,一条椭圆曲线是露出海面的一座冰山的一部分。海面下隐藏着一个完整的交错复杂的结构。要证明此猜想,就必须证明任意一个浮出的小冰山有一水下部分。某些特殊的小冰山群知道有水下部分,但因为有无穷多个小冰山,人们不可能查遍它们每一个的下面。表明没有水下部分的小冰山是不存在的一个一般证明是必须的。而这样一个证明的建立被认为是极端困难的。

50. 阴谋与背叛[102]

1960 年初在普林斯顿高等研究院的一次聚会上,志村再次见到塞尔。按照志村的说法,塞尔对待他颇为傲慢。“我不认为你关于模曲线的结果有什么好,”他说,“为什么它们甚至不能应用于任何一条椭圆曲线上呢?”作为回答,志村准确陈述了他的猜想:“这样的一条曲线总是能和一条模曲线一致。”[17] 塞尔然后去见安德烈·韦依,韦依虽然没参加聚会,但他是研究院的成员,因而能马上找到他,并告诉他自己与志村的谈话。接着韦依见到志村,有点犹豫地问他,“你确实是这样说的?”“是的。”志村回答说,“你难道不认为这有可能是真的吗?”在谷山丰的相关猜想的 10 年之后,安德烈·韦依仍不相信这个猜想。他回答道："我没有反对它的理由，因为这集合或另一集合线都是可数的，但我也没有任何支持它的理由。"后来韦依在这种场合讲的话被耶鲁大学的兰格(Serge Lang)认为是"愚蠢，"和"无知"的。兰格这些评论是与收集的命名为"谷山-志村文件集"的两打信的副本放在一起的，这些信广泛涉及约五十位数学家。以下是与韦依回答志村的话的意思相同的：如果一房间内有7个男人和7个女士并且你猜想有7对夫妻，那么我认为我没有理由反对此猜想，因为男人与女士的人数确实相同。但我也没有任何支持它的理由。情形也可能他们都是单身的。兰格之所以认为韦依的话是"愚蠢"和"无知"的，是因为计数的概念不能简单地应用于这里的任一情形，因为"可数的"意指无穷多且可计数(像所有的正整数：1，2，3，4，……)并且匹配这样的无穷集合不是简单的事情。总而言之，显然韦依不相信志村的理论必定是真的。他后来允许发表这个愚蠢和无知的谈话或其他方式引证它。但这只会发生在1979年，那时他写道：[18]

> Quelques années plus tard, à Princeton, Shimura me demanda si je trouvais plausible que toute courbe elliptique sur Q fut contenue dans le jacobienne d'une courbe definie par une sous-groupe de congruence du groupe modulaire; je lui repondis, il me semble, que je n'y voyais pas d'empēchement, puisque l'un et l'autre ensemble est dénombrable, mais je ne voyais rien non plus qui parlat en faveur de cette hypothèse.
>
> "几年后，在普林斯顿，志村问我，是否我已发现这样的命题，即Q上任一条椭圆曲线包含在一个模群的一相合子群定义的一条曲线的雅可比簇内可能是真的；我回答他，在我看来，没有反对它的任何理由，因为一集合和另一族集合都是可数的，但我也不知道有任何支持它的人。"

这里，当涉及志村的猜想时，韦依写的是"志村问我"而不是"志村告诉我"。在韦依并不相信志村理论的同时，他发表了某些相关的论文，他把自己的名字与它联系在一起。当数学家们为其他的工作而参考这些论文时，这个错误就成了永久的，并且后来当对历史无知的写作者相互错误地引证，谷山-志村猜想就被替换成谷山-韦依猜想了。韦依似乎很欣赏自己的名字能和一个重要的理论——在他自己并不相信它的时候——联系在一起，而该理论是大部分数学家认为不远的将来会得到证明的。

过了十几年，有越来越多的理由表明这种联系是存在的。若猜想得到证明，它就将是一真正的数学理论。之后，韦依一直围绕着此猜想工作着，他所获得的数学结果，从没有和复平面上的模形式与丢番图方程的椭圆曲线之间可能的联系离开很远。并且几乎过去了 20 年，在韦依肯定知道有更好结果的时候，他才回过头来谈到志村和他的关键作用。在一篇发表的论文里，他提到了志村并给了一些赞扬。同时，在法国，塞尔一直在鼓吹错误的原创者。他每次提到猜想都附上韦依而不是志村的名字。

51. “有兴趣读者的一个练习”

1967 年，韦依用德文写了一篇论文，文里说：[19]

> Ob sich diese Dinge immer, d. h. für jede über Q definierte Kurve C, so verhalten, scheint im Moment noch problematisch zu sein und mag dem interessierten Leser als Übungsaufgabe empfohlen werden.
>
> “这些事情，即对于 Q 上定义的任一条曲线有这样的性质，在此时是否仍看作像是有问题的并且将推荐给有兴趣读者的一个练习。”

这一段落涉及有理数域（数学家把它记作 Q）上的椭圆曲线，和“sich so verhal*en*”涉及的是模曲线，也就是这里谈的志村猜想。但韦依这里再次没有把此理论归结到它的原创者。他只是 12 年后才这样做，并且如我们刚才看到的甚至还说“志村问我”。在上面的德文论文里，韦依称这猜想是“有问题的”。并且接着做了一些奇怪的事情。他简单的推荐说，这个猜想可当作有兴趣读者的一个练习（“Und mag dem interesserten Leser als Ubungsaufgabe emofohlen warden”）。这个对有兴趣读者的练习竟然使世界上最努力的数学家试图证明它要花费 7 年时光。当数学家推荐一个题目当作家庭作业时，他或她认为通过证明并且相信——肯定知道——此定理是真的，不是韦依所描述的它为“有问题”的。

有这样一个古老的故事，一位数学教授当讲到某个数学概念时，告诉全班同学说“这是显然的。”但全班同学还是糊涂，因为此概念并不明显，并且最后有一勇敢的学生举起手问，“为什么？”这教授然后就开始用一只手在黑板边缘又画又写，而用另一只手挡住所写的，并当他做完后又擦掉所做的一切。在这样偷偷摸摸潦草涂抹约十分钟后，这位教授把黑板上的东西完全擦掉，并向迷糊的全班同学宣布：“是的，这是显然的。”

52. 谎言[106]

20 世纪 70 年代，来自东京-日光会议的谷山丰问题已传播很广。与此同时，因为韦依已写出了他仍怀疑的这个猜想，模椭圆曲线变成叫做“韦依曲线”。当谷山丰问题在西方变得越发著名时，关于这种曲线的猜想被逐渐叫做“谷山-韦依”猜想。志村的名字完全被排除了。但因为仍有谷山丰的名字，韦依开始连同猜想一起进行猛烈攻击。1979 年，在莫德尔猜想被佛廷斯证明前五年，韦依甚至反对说“这是所谓的丢番图方程的‘莫德尔’猜想。”并接着说，“如果这猜想果真如此那就太好了，但我宁愿打赌它并非如此。它不比渴望如此的想法有更多分量，因为它没有获得什么证据，当然也没有人反对它。”但韦依甚至在那时已经错了。一些俄罗斯科学家，其中包括赛弗里维茨和帕申，已经在 20 世纪 70 年代早期获得了支持‘莫德尔’猜想的证据。1984 年，佛廷斯完全证明了此猜想，使费马大定理成了“几乎总是对的”。

当所谓的谷山-韦依猜想中的韦依不再是专有，而是用很多数学家的名字时，韦依转向反对整个猜想，与此同时，巴黎的塞尔一直不遗余力地要使志村的名字与此猜想脱离。1986 年，在加利福尼亚大学柏克莱分校的一次聚会上，塞尔在许多人都可听到的情况下告诉兰格，韦依已经把他与志村谈话的情形告诉了自己。按照塞尔所说，以下就是韦依告诉的：

> 韦依：为什么谷山丰认为所有的椭圆曲线都是模曲线呢？
> 志村：你已经忘记，这是你告诉他的你自己的想法。

那时兰格还不知道使用术语“韦依曲线”和“谷山-韦依猜想”，他对此感到怀疑。他要搞清真相。兰格立即同时给韦依和志村，然后给塞尔去信。志村斩钉截铁地否认曾经有过这样的谈话，并且给出了充分的证据。韦依没有立即回答。而塞尔在他的回信中批评了兰格要搞清真相的企图。1995 年 6 月，塞尔在布尔拔基的一次研讨会上，他仍然略去原创者，把猜想叫做“谷山-韦依”，而原创者因信任他早在 30 年前把自己的猜想告诉了他。韦依在兰格第二次与他联系后做了回答。他的信如下：[20]

1986 年 12 月 3 日

亲爱的兰格，

我没有回想起我在何时何处收到过你 8 月 9 日的第一封来信。那时我的确有(并且仍然有)更重要的事情要思考。

我没有并很反感任何要降低谷山丰和志村的功绩的提议。我很高兴你很赞赏他们。我也同你一样。

所提到的很久前的交谈完全被误解了。你是当作‘历史’来尊重它们;但它们不是。充其量它们只是奇闻逸事而已。涉及你已发现的升级的争论,对我来说志村的信已把它放入终结,只此一次。

至于概念,定理,或(?)猜想应冠以谁的名字,我经常说过:(a)当一个适合的名字附在(所说的)某个概念上时,这从来不应被当作一个对此概念做出了什么的作者的符号;比此更多的是,相反的情形是真实的。毕达哥拉斯对‘他的’定理从来没做过什么;(b)适合的或相当适合的名字趋向被更适当的另一个名字替代;勒雷-科苏(Leray-Koszul)序列现在叫做光谱序列(并且如Siegel曾告诉Erdös的,abelien现在已被写为小写的a)。

为什么我不应该有时装成如你所喜欢说的‘愚蠢’的样子呢?但的确,1979年当对有关‘莫德尔’猜想表示某些怀疑时,我没‘扮成’这样,因为那时我完全忽视了俄罗斯人(帕辛 Parshin,等)在那个方向的工作。我的理由是,是否它是1972年我与沙福雷维契(Shafarevich)长时间交谈的那些,但他从没提到过那个工作的任何内容。

谨启,

A. 韦依

AW:ig

顺便说一句,你应当希望把这封信随意复印。我怀疑复印机公司没有你和像你这样的人可以做什么。

第　八　章

53. 1984 年秋，黑森林深处

有关谁是谷山-志村猜想的原创者的争论在贝克莱、纽海文、普林斯顿和在跨越大西洋的巴黎激烈展开的同时，完全没料想到的某些事情在德国西南部的黑森林深处正在发生。

弗雷(Gerhard Frey)收到了来自土布肯大学的毕业文凭，和获得了来自海德堡大学的博士学位，在这里他学习了数论并受到了汉斯(Hasse)和韦依工作的影响。弗雷着迷于研究数论和代数几何之间的相互作用和联系，代数几何是最近 50 年内发展起来的一个数学新领域。他也对算术几何感兴趣。数论和代数及算术几何之间的联系导致他做出了一个未曾料到的数学论断。1970 年代，弗雷做了大量关于椭圆曲线和丢番图方程的工作，并于 1978 年读了哈佛大学巴厘·梅修尔写的论文“模曲线和爱森斯坦概念”。弗雷受到了这篇论文的强烈影响，如同其他很多的数论学家一样，其中有柏克莱的肯·里贝特和普林斯顿的安德烈·韦依。弗雷很认同梅修尔的论文，感到应非常认真地考虑模曲线的应用和费马型方程理论间的伽罗瓦表示。这使他几乎不可避免地发现了丢番图方程与费马型方程间的紧密关系。这是弗雷努力做得更精确的一个有效观点。

1981 年，弗雷在哈佛大学度过了几个星期并且是与巴厘·梅修尔进行讨论的一个成员。这些讨论澄清了他头脑里的许多想法。围绕在他设想的费马型方程间和模形式与椭圆曲线之间的困难联系的周围的浓雾逐渐升起。他去了柏克莱，与肯·里贝特交谈，里贝特是毕业于哈佛的一位杰出的数论学家并在相关题目上与梅修尔合作。然后弗雷回到故乡德国。几年后，他被邀请到黑森林深处的奥伯沃尔法赫(Oberwolfach)中心作演讲。

奥伯沃尔法赫是为数学的会议和工作中心而设计的，它坐落在远离城市和拥挤的地方，周围是宁静和美丽的环境。每一年，该中心要举办大约 50 次关于各种不同数学论题的国际会议。讲演，甚至仅仅参加会议，都是被特别邀请者。每一项努力都是要使不同国家的专家便于交换意见。1984 年，G. 弗雷在一次数论会议上发表了演讲。他做出了一个看似疯狂的断言。他翻过写满数学公式的复写纸，推导出如果志村-谷山猜想确实是对的，那么费马大定理就被证明了。这似乎没有什么意义。当肯・里贝特第一次听到弗雷的断言时，他认为这是一个玩笑。椭圆曲线能转化为模曲线必然可能对费马大定理产生什么结果吗？他自问道。他没有进一步思考这奇怪的断言，仍然做他的通常工作。但巴黎有一个人，对弗雷的未被证明的且不很完全的断言感兴趣。塞尔给数学家迈斯雀(J. F. Mestre)写了一封私人信件。这封信变成公开的，并且塞尔继续发表了一篇论文，重复了致迈斯雀信中的他自己的猜想[21]。

54. 里贝特定理

最初以为弗雷的断言是玩笑的肯・里贝特开始思考塞尔的猜想，并且事实上认识到它们中的一些是他思索有关弗雷的“玩笑”时他自己已经建立的。所有这些肯定澄清了弗雷的陈述，即如果证明了志村-谷山猜想，那么就有如下的推断：

谷山-志村猜想⟶费马大定理

弗雷的这个思考方法是非常巧妙的。弗雷的推理如后：假设费马大定理是不正确的。那么，对大于 2 的某个 n，费马方程 $x^n + y^n = z^n$ 存在一个解，其中 x，y 和 z 是整数。设这个特解为 a，b 和 c，那么它将导致一个特殊的椭圆曲线。弗雷写下了作为费马方程解的结果的这个曲线的一般方程。他在奥伯沃尔法赫所述的现在叫做弗雷曲线的这个曲线是非常奇怪的。事实上，它奇怪到它不可能存在。并且，最重要的，在如果费马大定理是错误的假设下产生的椭圆曲线肯定不可能与一个模曲线相关。所以，如果谷山-志村猜想是真的，那么所有椭圆曲线必是模曲线。因此，不是模曲线的椭圆曲线是不可能存在的。因而，费马方程的解也不可能。由此推出弗雷曲线，一个不是模曲线的椭圆曲线（除了所有它的其他特性外）不可能存在。从而费马方程的解的存在性是错误的，于是费马大定理（它是说 $n > 2$ 的费马方程没有解）就获得了证明。这是一个复杂的推导链条，但它伴随着漂亮的数学证明逻辑。这逻辑是：A 推出 B，如果 B 不真，A 也就不真。然而，弗雷的断言本身是一个猜想。它是这样一个猜想，说的是如果另一个猜想（谷山-志村猜想）是真的，那么费马大定理就被确立。塞尔致迈斯雀的信里的一对相连接的猜想让肯·里贝特以清晰的术语思考弗雷猜想。

肯·里贝特正在介绍他的证明

安德鲁·怀尔斯在讲解

哈佛大学来的巴厘·梅修尔——是所有人的“祖父”

弗雷，他有这样的“疯狂想法”，即从费马大定理一个解所得的椭圆曲线是不存在的

肯·里贝特此前从没对费马大定理感过兴趣。他在布朗大学开始主修的是化学。在爱尔兰(Kenneth F. Ireland)的影响和指导下，里贝特转学数学，并且对 ζ 函数，指数和，以及数论感兴趣。他把费马大定理当作是“没有什么实际意义的那些问题之一”而忽视了它。这是很多数学家所持的观点，因为数论里的问题都像是孤立的，其背后似乎没有统一的方案和一般的原理。那么，关于费马大定理，使人们感兴趣的是什么呢，是它展示了从人类文明启蒙到我们现今这个时代的数学历史。并且这个定理的最终解决也将展示出数学的广阔，包含了不同于数论的其他领域：代数，分析，几何和拓扑学——事实上是全部数学。

里贝特接着到哈佛大学读博士学位。在那里,他起初是间接转而更直接地感受到伟大数论学家和几何学家巴厘·梅修尔的影响,梅修尔的远见卓识能鼓舞哪怕仅打算做最小的努力证明费马大定理的任一数学家。梅修尔关于爱森斯坦理想的论文,其作用如同上世纪(19 世纪)由库默尔发展起来的理想数论进入数学近代理论和代数几何领域的一个抽象,以及经由几何学到数论的新方法。[22]

肯·里贝特最终成为加利福尼亚大学柏克莱分校的数学教授,并且研究的是数论。1985 年,他听到了弗雷的"疯狂"论断,即如果费马方程有一个解,也即费马大定理是错误的,那么这个解将会给出一条非常怪异的曲线。这条弗雷曲线将与一条不是模曲线的椭圆曲线联系在一起。他对塞尔给迈斯雀写的信里的联在一起的两个猜想只对证明弗雷猜想感兴趣。在他对费马大定理不真正感兴趣的同时,里贝特认识到它已经成为一个热点问题,并且它碰巧是在他熟知的领域内。1985 年 8 月 18 至 24 日的这周里,里贝特参加了在加利福尼亚的阿卡达举办的一个算术代数几何会议。他开始思考弗雷猜想,并把它在头脑存放了 1 年。当 1986 年夏初他在柏克莱的教学任务空闲时,里贝特乘飞机到世界著名的数学中心,德国的马克思·普朗克研究所,要在那里做研究工作。恰在他到达研究所的时候,里贝特获得了他的突破。他现在已几乎能证明弗雷猜想。

但他在那里并不平静。当他回到柏克莱后,立即去见刚从哈佛大学来的巴厘·梅修尔。"巴厘,我们去喝杯咖啡吧",里贝特提议。两人躲藏到加利福尼亚大学校园旁的一个小咖啡馆里。里贝特一边慢慢地一点一滴的喝着喀琵奇那(一种咖啡饮料),一边向梅修尔吐露心扉:"我正在试图推广我已得到的结果,从而使我将能证明弗雷猜想。我好像还没获得可推广结果的东西……。"梅修尔专注地看着他所展示的内容,然后说道:"但你已经完全获得了,肯,你需要做的只是把所有东西加到 N 结构的某些额外的伽马零上,是的,你已经达到了!"里贝特呆视着梅修尔,接着回看了他的喀琵奇那一眼,然后用难以置信的眼神再看着梅修尔。"我的上帝,你绝对正确!"他大声说。于是他马上回到他的办公室完成了他剩余的证明。当里贝特的精妙的证明出版后梅修尔描述它时不禁发出惊叹:"里贝特的思想太灿烂了!",并且里贝特的证明很快被世界数学家知晓。

里贝特规范和证明的是当作事实建立的一个定理,即如果谷山-志村猜想是真的话,那么就可直接得出费马大定理也是真的。这个仅在一年多前还把弗雷猜想看作"玩笑"的人,现在已证明此"玩笑"是一个确实的数学真理。利用算术代数几何攻击费马问题的大门已然敞开。全世界现在需要有人能证明似乎不可能的谷山-志村猜想。由此费马大定理也就自然得到证明。

第 九 章

55. 童年时的梦想

想要做这个证明的人正是安德鲁·怀尔斯。当他 10 岁时，安德鲁·怀尔斯曾去他爱尔兰的故乡的公共图书馆，看一本有关数学的书。在这本书里他读到了费马大定理。如书里所描述的，费马大定理看起来是如此的简单，任一儿童都能理解它。用怀尔斯自己的话："它说你绝找不到满足 $x^3+y^3=z^3$ 的数 x，y，z。不管你如何努力地找，你将绝对找不到也不曾找到过这种数。并且它说对于 $x^4+y^4=z^4$，$x^5+y^5=z^5$，以及以此类推……，这同样是对的。这看来是多么的简单。并且它说，三百多年来，还没有人已经找到这个命题的一个证明。我要证明它……"

20 世纪 70 年代，安德鲁·怀尔斯进入大学。当他完成他的学位论文后，他被允许作为数学研究生入剑桥大学。他的导师是科茨(John Coates)教授。怀尔斯必须放下他童年要证明费马大定理的梦想。研究这种问题会变成浪费时间，任何一位研究生都不能为它付出时间和精力。此外，哪个博士生导师会接受一个正在研究这种为解决它，使世界最聪明者都为难了三百年的古代谜题的学生呢？在 20 世纪 70 年代，费马大定理还不是时尚。那个年代"里"的时尚是数论中的研究热点椭圆曲线。所以安德鲁·怀尔斯投入时间做的是椭圆曲线的研究，研究领域是一个叫做依瓦沙瓦(Iwasawa)的理论。他完成了他的博士论文，并且当他获得博士学位时，他也得到了普林斯顿大学的一个数学教职，他到了美国。在那里，他继续做椭圆曲线和依瓦沙瓦理论方面的研究。

56. 重新点燃一个古老光焰

那是夏天一个温暖的夜晚,安德鲁·怀尔斯在一个朋友的家里正在饮冰茶。谈话间他朋友突然说:“顺便问一下,你是否听说肯·里贝特刚证明了爱卜希龙猜想?”数论家非正式地称爱卜希龙猜想为弗雷猜想,并由塞尔做过修正,是费马大定理与志村-谷山猜想之间的联系。怀尔斯受到极大震动。在那一瞬间,他知道他的生活即将改变。他童年时要证明费马大定理的梦想——一个他必须放弃而去从事更容易的研究的梦想——以不可置信的力量重新复活。他回到家里并开始思索他如何证明谷山-志村猜想。

“最初几年,”他后来确信,“我知道我没有竞争者,因为我知道没有人——包括我——晓得应从何处开始。”他决定在保持秘密和孤立的情况下做研究。“太多的旁观者会使我不能集中注意力。并且我早就发现,只要一提到费马立即会引起过分的兴趣。”当然,有能力,有天赋的数学家是很多的,特别是在像普林斯顿这样的地方,某个人变成你研究工作的竞争对手的危险——并且甚至做得更好——是非常现实的。

不管是什么原因,怀尔斯把自己反锁在他阁楼的书房里并着手工作。他放弃了所有其他的研究项目,把时间全部投入到费马问题。怀尔斯要使用代数、几何、分析和其他数学领域的一切近代技术。他也用到了同时代人和历史先驱者做出的结果。他会借鉴里贝特聪明的证明方法和结果,他会使用巴厘·梅修尔的理论,和志村,弗雷,塞尔,安德烈·韦依,以及很多很多其他数学家的思想。

弗雷后来说,怀尔斯的伟大是他相信他当时正在研究的是那时世界上有影响的数学家都认为在 20 世纪不可能证明的志村-谷山猜想。

要证明谷山-志村猜想,安德鲁·怀尔斯知道必须证明每一椭圆曲线是模曲线。他必须证明解在一环面上的每一椭圆曲线,确实是一隐藏的模曲线。这个环面按某种意义说也是复平面上的缠结着对称性的函数的空间,该空间(或复平面)叫做模形式。没有人对如何证明这两个似乎非常不同的实体之间的古怪联系有任何想法。

怀尔斯意识到最自然的想法是尝试数椭圆曲线的个数,以及数模曲线的个数,然后证明它们的“个数”相同。这个建构将证明椭圆曲线族和模曲线族是相同的,因此每一椭圆曲线的确是模曲线,正如谷山-志村猜想所要求的。

怀尔斯认识到两件事。一是他不必证明完整的谷山-志村猜想,而只需证明以有理数为系数的半稳定椭圆曲线的这一特殊情形。只要证明此猜想对于这较小一类椭圆曲线是真的,那么对确立费马大定理就足够了。另一件事是怀尔斯知道,“计数”在这里是不能完成的，因为他正在处理的是无穷集合。半稳定椭圆曲线的集合是无穷的。任何不同的有理数 a/b，其中 a，b 是整数，将给你不同的椭圆曲线(我们说有理数上的椭圆曲线)。因为有无穷多个这样的数——a 和 b 都能是无穷多个数 1，2，3，4，……中的一个，所以有无穷多个椭圆曲线。我们知道对此集合"计数"是不能完成的工作。

57. 把一个大问题拆解为若干小问题

怀尔斯设想他可尝试每次对较小的问题进行研究。也许他可以关注椭圆函数集合，看看关于它们他能做些什么。这是一个很好的方法，因为它把任务拆解开来，一步步地拆解到他能理解的集合。首先，某些椭圆曲线早已知道是模曲线。这些是其他数论学家做出的非常重要的结果。但不久安德鲁·怀尔斯意识到只注意椭圆曲线，并对照模曲线把它们计数出来可能不是一个好方法——他正在处理两个无穷集合。事实上，对于问题的解决，他没有比韦依所怀疑的更接近，韦依当时说："我知道没有理由反对这个猜想，因为两个集合都是可数的(整数和有理数是无穷集合，但它们的无穷的序数不大于无理数和连续统的无穷的序数)，但我也不知道赞成它的理由……"两年后，怀尔斯试验了一个新方法。他设想他能把这种椭圆曲线变换成伽罗瓦表示，然后对照模曲线计数伽罗瓦表示。

这是一个极妙的想法，虽然它不是原创。这个转移背后的原理是有趣的。数论学家关注的焦点是求方程的解，如费马方程。数域的数学理论使这个问题的域的内容得到扩展。域是大无穷集合，分析它是困难的。因此，为了把来自复杂的域的这些问题变换为我们已知的，如群，数论学家通常使用的伽罗瓦的理论，叫做伽罗瓦理论。常常一个群是由有限个元素的集合生成的。这样，利用伽罗瓦理论就让数论学家能把一个无穷集合转移到由一个有限集合表示的对象。这个变换是极有效的向前进的步骤，因为元素的一个有限集合比起无穷集合要容易掌握多了。计数只对有限个元素有意义。此方法似乎只是针对椭圆曲线的某些集合。但这是一个极好的突破。并在另一年后，怀尔斯再次使用了它。

58. 弗莱切的论文

安德鲁·怀尔斯现在打算做的是，计数对应于对照模曲线的(半稳定)椭圆曲线的伽罗瓦表示的集合，并且证明它们是相同的。做这些时，他一直使用他熟悉的并以此写出论文的《水平伊瓦沙瓦理论》的技术。怀尔斯尝试利用这一理论获得类数公式，这是“计数”所需要的一个结果。但在这里，一座墙挡在了前面。他无法使自己接近答案。

1991 年夏，怀尔斯参加了波士顿的一个会议，见到了他在剑桥时的博士生导师约翰·科茨。科茨教授告诉怀尔斯，他的一个名叫弗莱切(Matthias Flach)的学生用俄罗斯数学家科利瓦金(Kolyvagin)早期的工作，已经设计了试图证明类数公式的一个欧拉系统(以欧拉命名)。这恰是怀尔斯推广证明谷山-志村猜想所需要的——，如果他能把弗莱切的部分结果扩展到全部类数公式的话。怀尔斯怀着兴奋的心情倾听科茨讲着弗莱切有关这方面的工作。“这是裁缝师”为他的证明所做的成衣，怀尔斯说道，仿佛弗莱切的工作是专为他做的。怀尔斯立即放弃了所有伊瓦沙瓦理论的工作，夜以继日地埋头于科利瓦金和弗莱切的工作。如果他们的“欧拉系统”确实能奏效，怀尔斯就有希望获得类数公式的结果，并且谷山-志村猜想对于半稳定椭圆曲线将会得到证明——证明费马大定理足够了。

然而，这工作非常艰苦，是在怀尔斯不很熟悉的范围内的工作。逐渐地，怀尔斯感觉有必要找某个人谈谈。他希望这个人能核对他得到的进展，但又不会对任何人暴露一点秘密。

59. 一位好朋友[122]

怀尔斯最后必须作出一个决定：是继续他长期以来保持一切事物的秘密呢，还是应该打破它，去与具有很好数论知识的某个人谈谈？他最后决定他在永远保持秘密上也许不可能做得很好了。正如他自己所说，一个人可能终生在研究某一问题却看不到任何结果。这就需要与另一位超强的人交换意见并能为他把这一切保密下来。但现在的问题是：谁？他能信任谁会保持他的秘密？

1993 年 1 月，在 6 年孤军奋战之后，他开始与人接触。他打电话给他在普林斯顿数学系的同事之一尼克·凯兹(Nick Katz)教授。凯兹是许多试图证明类数公式的理论的专家之一。但更重要的，他是完全值得信赖的人。他从来没有暴露怀尔斯直到现今在干什么。他为怀尔斯所做的这一切是正确的。一个时期，凯兹做自己工作的时间很短，却花费好几个月时间与怀尔斯一起做他的课题的工作。他们在普林斯顿的紧密结合在一起的同事们，从来没怀疑过一件事，甚至看见这两人在公共休息室的角落紧靠一起花费几小时喝咖啡也没人怀疑。

但安德鲁·怀尔斯仍然担心有人会疑惑他正在研究什么。他不能授人以这种机会。他制定了一个掩盖他和凯兹正非常紧张地研究“某些东西”的计划。怀尔斯将于1993年春为数学系开设一门研究生课程，而凯兹将作为学生之一加入此课程，这就使他们两人可经常在一起工作而不致引起他们正在干什么的怀疑。研究生们不可能怀疑在这些讲演的背后是一条通向费马大定理之路，并且怀尔斯就能在他的好友凯兹的帮助下，钻研他们在他的理论中任何可能的漏洞方面。

课程宣布了。它叫做“椭圆曲线的计算法”，看起来十分平常，不会引起任何怀疑。并且课程开始时，怀尔斯教授宣称此课程的目的是，研究弗莱切在类数公式方面的最新工作。没有提费马，也没提谷山丰或志村，没有人能怀疑到他们将研究的类数公式会是证明费马大定理的基石。并且没有人想到这种讲课的真正目的不是教给研究生数学，而是让怀尔斯和凯兹能在没有任何同事怀疑下一起工作，并让毫无怀疑的研究生们为他们检验工作。

但只不过几周，所有的研究生都离去了。他们跟不上这种没有确定走向的课程。只有一个懂得所有这些内容并能与教授共享知识的“学生”才能坚持听课。所以不久后，凯兹成了唯一的听众。而怀尔斯正好借此机会，可在“课堂”的黑板上书写他很长的类数定理的证明，并与凯兹一起一步步进行检验。

课堂讲演没有显示出任何错误。看起来类数公式可以用在怀尔斯求解费马问题的征途上的工具。并且后来在1993年春，当课程结束时，怀尔斯几乎全部完成了他的征程。仅剩下最后的障碍需怀尔斯攻克。怀尔斯已能证明大多数椭圆曲线是模曲线，但有一些椭圆曲线仍未被证明。他认为他能克服这些困难，而且他通常是乐观的。他感到为了获得克服他所面对的这最后困难的更多帮助，现在是和稍多的人谈谈的时候了。所以他给普林斯顿数学系的另一位同事，沙那克教授(Peter Sarnak)打了电话，并请他保守秘密。“我想我大概已证明了费马大定理，”他告诉沙那克教授。

“真难以置信，”沙那克后来回忆。“我惊讶，我高兴，我被震动——我的意思是……我回忆起那晚我整夜难以入睡。”所以，现在有两个同事试图帮助怀尔斯完成他的证明。当人们注意其他一些事情的时候，没有任何人怀疑他们正在做着什么。并且沙那克后来赞扬，在怀尔斯坚持没有人能通过他发现任何秘密的同时，他掉出来的“可能是一些蛛丝马迹……”

60. 谜题的最后部分

1993年5月，安德鲁·怀尔斯正一个人坐在书桌旁。他感到有些失落。看起来少数椭圆曲线还不能解决。他不能轻易地证明它们是模曲线。但如果他想要证明所有(半稳定)椭圆曲线都是模曲线从而费马大定理随之成立的话,那么这个证明是必需的。他对大多数的半稳定椭圆曲线所得到的数学结果尽管是巨大的,但还未达到他的目标。从他大量紧张的工作中余下了使他茫然的一点东西,他无意间拿起哈佛大学巴厘·梅修尔大师的一篇旧论文。梅修尔已经在数论上做出了突破性发现——这些结果鼓舞了此领域中许多专家,包括其工作为怀尔斯的努力铺了路的里贝特和弗雷。现在怀尔斯正重读着的论文是理想理论的一个扩展,理想是由库默尔和戴特金开创并由第三个 19 世纪数学家——爱森斯坦(Ferdinand Gotthold Eisenstein, 1823—1852)继续着的理论。虽然爱森斯坦年轻时就去世,但他对数论作出了巨大贡献。事实上,高斯曾经说过:"至今只有三个划时代的数学家,阿基米得,牛顿和爱森斯坦。"

梅修尔关于爱森斯坦的理想的论文有一段吸引了怀尔斯的注意。梅修尔说从椭圆曲线的一个集合到另一个集合的转换是可能的。这个转换必须处理素数。梅修尔说的是,如果人们正处理的是基于素数 3 的椭圆曲线,可变换它们进而做基于素数 5 的椭圆曲线研究。这个 3 到 5 的转换恰是怀尔斯需要的。他正被不能证明基于素数 3 的某类椭圆曲线是模曲线而困扰着。这里梅修尔恰在说他能转换它们为基于素数 5 的曲线。而这些基于 5 的曲线怀尔斯已经证明它们是模曲线。所以这 3 到 5 的转换是最后的秘诀。把困难的基于 3 的椭圆曲线,变换为已知是模曲线的基于 5 的椭圆曲线。我们再一次看到,某些其他数学家的光辉思想帮助怀尔斯克服了一个看起来难以超越的障碍。怀尔斯最终解决了费马大定理。

他也恰逢其时。在次一月,1993 年 6 月,他以前的导师约翰·科茨要在剑桥召开一次数论会议。数论方面的所有大牌专家都到了那里。剑桥是怀尔斯的故乡,并在此度过了他的求学时期。在这里呈献他的费马大定理的证明难道不是最完美的事情吗?怀尔斯现在需要和时钟赛跑。他必须把谷山-志村猜想对于半稳定椭圆曲线是真的完整证明一气讲毕。这意味着弗雷曲线不可能存在。并且如果弗雷曲线不存在,那么就表示费马方程当 $n>2$ 时不存在解,并因而费马大定理获得证明。这一切怀尔斯用了 200 页才写完。在英国他恰好及时完成了他的讲演。在讲演最后结束时,他浮现出胜利的微笑环视着欢呼的听众,以及闪烁的相机灯光和大批记者。

61. 检验[127]

现在是严格审查检验的时候。通常,一个数学结果——或任一科学发现——被委托交给一个"审定杂志"。这样的审定杂志有一个学者组成的小组,其任务是确定此结果可否发表。然后杂志的责任是把论文原件寄给相应领域里的其他专家,他们要仔细推敲检验论文的内容，并判断它是否正确，以及论文的出版是否有价值。论文在审定杂志的出版是科学人士的面包和奶油。职位的保有和提升，工资的增加等都有赖于研究者的文章在审定杂志的发表数。

但安德鲁·怀尔斯选择了一个不同的方式。不是把他的证明委托给一专业数学杂志，他把它呈交给一个协议会。理由可能有两方面。在进行证明的这些年里，怀尔斯自始至终保持着秘密。如果他把这证明委托交给一杂志，那么这个证明就必定会寄给杂志社选定的许多审查者，因而他们或编辑中的一个就可能告诉世界某地的某个人。怀尔斯也可能还担心，读到他的证明的某个人会把它偷去，并冠以他或她的名字寄出。不幸的是，在科学界发生过这类事件。与第一个理由有联系的另一个理由是，怀尔斯想把悬念保持到当他把证明呈献给剑桥的时候。

但即使把结果呈交给一个协议会，仍然必须被审查。必须有严格检验的步骤，也就是，数论的其他专家们必须逐行通读怀尔斯的证明，验证他确实建立了他所阐述的证明。

62. 深藏的一个隐含的漏洞[128]

怀尔斯的200页的论文寄给了一些顶尖的数论专家。他们中有人很快表示了一些担心，但一般的数学家都认为他的证明可能是正确的。然而，他们应等着听取专家的裁决。当我问肯·里贝特是否相信怀尔斯的证明时，他说"哦，是的！我不能理解某些人在阅读这个证明不久后就说在此不存在欧拉系统。"

被选来检验怀尔斯的证明的专家之一是他普林斯顿的朋友尼克·凯兹。凯兹教授足足用了两个月时间，即1993年的7、8月，放弃一切工作，专心研究他整个证明。每天他都坐在书桌前仔细地阅读每一行，每一个数学符号，每一个逻辑推理。因为那个夏天怀尔斯离开了普林斯顿，所以一天中，凯兹总有一次或两次要给怀尔斯发去电子邮件，问他这样一类问题："某页某行的话你是什么意思?"或"我不清楚这一步是如何从上一步推导过来的"，等等。怀尔斯也用电子邮件回复他，并且如果问题需要更多细节的话，怀尔斯就用传真答复凯兹。

一天，当凯兹阅读到怀尔斯长篇手稿的某处时，他发现了一个问题。怀尔斯先前已回复他的许多答案，他是完全满意的。但这次不同。这次对凯兹的问题，怀尔斯在回复的电邮中给了一个回答。但凯兹必须再回电邮："我仍然不明白，安德鲁。"所以这次怀尔斯寄去一个试图做出逻辑联系的传真。凯兹再次不满意。可以肯定有某种不正确的东西。这恰是怀尔斯春天讲他的"课程"时，怀尔斯和凯兹仔细推敲过的论断之一。任何困难都应被克服了。但显然怀尔斯的逻辑里的一个漏洞躲避了他们俩。也许如果那些研究生们坚持学下去的话，他们中的某个人可能会把这个问题提醒他俩。

在凯兹发现这个错误的时候，世界上还有其他数学家也觉察到怀尔斯证明中的这同一问题。这里的确不存在欧拉系统，并且根本没有用到它。但没有欧拉系统——视为弗莱切和科利瓦金早先工作的一个推广——就不存在类数公式。而没有类数公式，对照模曲线的椭圆曲线的伽罗瓦表示的“计数”就不可能，并且谷山-志村猜想不能确立。不能证明谷山-志村猜想是正确的，那么就没有费马大定理的证明。一句话，关于出现在欧拉系统上的这个漏洞将如骨牌效应般使整座房子倒塌。

63. 烦恼[130]

1993 年秋安德鲁·怀尔斯回到了普林斯顿。他处境困难，他忽而烦恼，忽而愤怒，他感到丢脸，深受挫折。他向世界许诺过有一个费马大定理的证明——但他未能发表。数学如同所有其他的所有领域一样，实际不存在“第二奖”或“参与”奖。沮丧的怀尔斯回到他的小阁楼试图修改他的证明。“在这一点上，他向世界隐藏着一个秘密，”凯兹回忆说，“并且我认为他必定为此感到相当难受。”其他的同事也打算帮助怀尔斯，其中包括他从前的学生，现在剑桥任教的泰勒(Richard Taylor)。泰勒这时来到普林斯顿，与怀尔斯一起帮助他修改他的证明。

“在最初的 7 年里，我一直是孤军奋战，我对那时的每一分钟都感到欣慰，”怀尔斯回忆道，“不管我所面对的障碍是多么困难多么难以跨越。但现在，研究数学的这种过于暴露的方式肯定不是我的风格。我甚至不希望重复这一经历。”然而这糟糕的经历一直在延续着。后来，泰勒在他的休假日离开了普林斯顿，回到了剑桥，而怀尔斯目前仍看不到终点。他的同事用夹杂着期待、希望以及同情的眼光注视着他，并且清楚地知道他正遭受着磨难。人们想要了解情况，想要听到好消息，但他的同事们没有一个人敢问他证明现在进行得怎样。在他的数学系外面，世界的其余地方对此也充满着好奇。1993 年 12 月 4 日夜，安德鲁·怀尔斯向数学协会的一些数论和数学家发出一电子邮件：

> 鉴于对我的有关谷山-志村猜想和费马大定理的工作状况存在着种种猜测，我将对情况作一简短说明。在核查的过程中，发现了一些问题，其中大部分已得到解决，但还有一个特别的问题还未搞妥……我相信不远的将来使用我在剑桥讲演中解释的思想我就能够完成它。由于原稿中有许多工作尚待

完成,所以把它当作预印本发送还不适宜。在普林斯顿我于二月开始的课程中,我将对此工作做充分的说明。

安德鲁·怀尔斯

64. 如愿以偿

但安德鲁·怀尔斯是过于乐观了。他已计划的在普林斯顿的课程没有解决什么问题。自剑桥的凯旋式短期生活过去一年多后,安德鲁·怀尔斯打算放弃所有的希望并忘掉他的跛脚证明。

1994 年 9 月 19 日星期一的早晨,怀尔斯正坐在普林斯顿他的书桌旁,一堆堆的纸散落在他周围,他决定在放弃证明费马大定理的一切希望以前最后再看看他的证明。他想要确切地知道从欧拉系统那里究竟是什么阻碍了他。他想要知道——只为他自己满意——为什么他失败了。为什么不存在欧拉系统?——他想要能够精确地锁定是哪个技术行为造成整个事情的失败。如果他即将放弃,他感觉至少自己能回答为什么他确已错了。

怀尔斯研究着放在面前的论文,苦思冥想了约 20 分钟。然后他确切地知道了为什么他不能够使系统工作。最后,他明白了什么是错误的。"这是我整个研究生涯中最重要的时刻,"他后来描述这种感受。"突然,完全出乎意料,我有了这个难以置信的发现……"在那一刻,他激情澎湃,眼泪夺眶而出。在那个决定命运的时刻怀尔斯深深意识到的是"多么无法形容的美,它又是多么简单和优雅……并且刚开始我不敢相信。"怀尔斯意识到,恰是使欧拉系统失效的东西将使他 3 年前已放弃的水平伊瓦沙瓦理论的方法奏效。怀尔斯开始长时间呆望着他的论文。他当时想,他必是在做梦,这若是现实多好呵。但他后来说,他不是在做梦简直是太好了。这个发现是多么强而有力,多么漂亮,它必定是真实的。

怀尔斯在数学系周围徘徊了几小时。他不知道他是在做梦还是醒着。每停顿一次,他都要回到书桌旁,看看他奇妙的证明是否还在那里——是的,在那里。他回到家里。他必须睡一觉——也许早晨醒来能发现他论断中的某些瑕疵。一年多来自全世界的压力,和一个接一个的挫折动摇了怀尔斯的信心。早晨他回到他的书桌那里,先前他已找到的宝物仍在那里,在那里等着他。

怀尔斯使用修改过的水平伊瓦沙瓦理论的方法写出了他的证明。最后,每个东西都完美地落在它应该在的地方。3 年前他试用过的方法得到了改正。他获得的这个知识来自他曾放弃的科利瓦金和弗莱切的工作。原稿已准备发送出去。兴奋的安德鲁·怀尔斯用计算机写好了一个通告。然后经互联网发电子邮件给世界范围的数学家:“请于今后几天里期待联邦快件邮包。”

正如他对从英国来专门帮助他改正他的论文的朋友理查德·泰勒承诺的,新的修改了的伊瓦沙瓦理论的论文署上了他们两人的名字,尽管怀尔斯是在泰勒离去后获得实际结果的。在以后的几星期里,收到了怀尔斯的对他的剑桥论文的修正稿的数学家们,仔细检查了所有细节。他们未能找到任何错误。现在怀尔斯使用了简便的方法来表示他的数学结果。与他一年半前在剑桥所做的不同,他把论文寄给了一专业杂志,《数学年鉴》,他们会让其他数学家对论文做严格审查。审查过程要花几个月,但这次未发现任何缺陷。1995 年 5 月,发行了载有怀尔斯的原剑桥的证明和泰勒与怀尔斯的改正证明的杂志。费马大定理最终被攻克了。

第十章

65. 费马有证明吗?[134]

安德鲁·怀尔斯形容他的证明像"一个20世纪的证明"。的确,怀尔斯使用了许多20世纪数学家的工作。他也使用了较早时期的数学家的工作。所有与怀尔斯的证明有一定关系的因素都来自其他很多人的工作。所以费马大定理的证明确实是生活在20世纪的大量数学家——和到费马那个时代的所有先驱者的共同成就。当费马写下他在空白处的著名评注的时候,费马在思想里不可能已经有怀尔斯那样的证明。当然,这在很大程度上应该是真实的,因为谷山-志村猜想直到20世纪才存在。但费马就不可能有其他的证明吗?

答案也许是没有。但这并不肯定。我们从来不知道。但另一方面,费马在空白处写下定理以后还在世上活了28年,关于此定理他却再没有讲过任何话。也许他知道他不可能证明这个定理。或他可能错误地认为,他用于证明简单情形的无穷递减法可应用于一般解。或可能他只是把它遗忘,去搞其他事情了。

20世纪90年代最后完成的定理的证明方法,需要的数学知识比费马能知道的多得多。定理的深奥特性不仅是跨越了历史上人类文明的各个阶段,而且用专门的——并且某种意义是统一的——工作使问题的最后解决成为完整的数学领域。它把看起来分离的不同数学分支因针对这个定理而联系起来。不要过于看重这样的事实,即安德鲁·怀尔斯是通过证明谷山-志村猜想对费马大定理做了最后的重要工作的人,而谷山-志村猜想是为证明费马大定理所必需的,但实际上整个事业是很多人的工作。所有人的贡献结合在一起带来了问题的最终解决。没有库默尔的工作就不会有理想理论,而没有理想理论梅修尔的工作就不存在。没有梅修尔就不会有弗雷猜想,而没有这极难的猜想和塞尔对它的综合就不存在里贝特的证明，里贝特则证明了若谷山-志村猜想为真费马大定理得以建立。看起来似乎是，如果没有谷山丰 1955 年在东京-日光会议上提出并经志村五郎加以提炼和精确的猜想，费马大定理的证明是不可能的。情况果真如此吗?

当然，费马不可能建立起这种联系两个非常不同的数学分支的猜想。或他已经这样做了？什么也不能肯定。我们只知道，定理已经最终确立，并且证明的最微小的细节都已得到世界范围数学家的核查和检验。但不能因为这个证明的复杂与先进，就表示不可能有一个简单的证明。事实上，里贝特在他的一篇论文中指出一个方向，费马大定理可能有一个没有谷山-志村猜想的证明。并且也许费马确实知道许多现已失传的强大的“近代”数学知识。(实际上，写有费马的空白-评注的丢番图著作的副本一直再没有找到。)所以，费马是否确实有一个因空白处太小而写不下他的定理的“绝妙的证明”，将是他永远封存的秘密。

从左到右:约翰·科茨，安德鲁·怀尔斯，肯·里贝特，卡尔·鲁宾，庆祝怀尔斯在剑桥历史性发布他的证明之后

杰德· 佛廷斯他有一个完全不同的处理费马大定理的方法。当 1993 年怀尔斯第一次的努力失利时，许多人以为佛廷斯将会用真正的证明打败他

1993年6月。怀尔斯在剑桥的第三次讲演正处在关键时刻，此时每个人都清楚费马大定理恰在拐角附近

肯·里贝特在著名的咖啡馆里，他在这里完成了谷山-志村猜想将推出费马大定理必为真的证明

注　　释

1. 贝尔(E. T. Bell),《数学家(男)传》,纽约:西蒙(Simon)和萧斯特(Schuster),1937年,56页。

2. 巴厘·梅修尔(Barry Mazur),"像牛虻样的数论,"美国数学月刊,卷98,1991年,593页。

3. 黏土平板文书"*Plimptom 322*"以及它上面的有关巴比伦人先进水平的数学推导,1934年引起了奥托·涅格邦的科学协会的注意。这些可在他的英文书《古代的精密科学》(普林斯顿大学出版社,1957年)中找到。

4. 实际上,康托走得更远。他假设无理数集合的势按序是紧接着有理数集合的势的。也就是,他相信,不存在其势大于有理数集合的势小于无理数集合的势的无穷集合。这个论断后来以连续统假设而闻名,并且结合20世纪哥德尔(Kurt Godel)和科恩(Paul Cohen)的研究结果,可以确定连续统假设在所有其余数学内部是不可能证明的。连续统假设是单独站立(以某种等价的重新说法)于所有其余数学对面的,它们各自的真实性是彼此独立的。

5. 威尔斯(D. Wells),《奇异而有趣的数》,伦敦:Penguin Books,1987年,81页。

6. 波耶尔(C. Boyer),《数学史》,纽约:Wiley, 1968, 9页。

7. 在引证的梅修尔(B. Mazur)的著作里重印。

8. 斯图尔特(Ian Stewarte),《自然界的数》,纽约:基本书集,1955, 140页。

9. 麦霍尼(Michael Mahoney),《皮埃尔·德·费马的数学生涯》,第2版,普林斯顿大学出版社,1977年,61—73页。

10. 爱德华兹(Harold M. Edwards),《费马大定理》,纽约:Springer-verlag, 1977年,61—73页。

11. 公众对此秘密协会所知的大多都来自海尔摩斯的“尼柯来斯布尔拔基”，科学美国人，196，1957 年 5 月，88—97 页。

12. 韦依(Andre Weil)，Oeuvres，卷。Ⅰ-Ⅲ，巴黎：Springer-verlag，1979。

13. 摘自里贝特(Kenneth A. Ribet)和海耶斯(Brian Hayes)的，“费马大定理和近代算术”，科学美国人，卷 82，1994 年，3—4 月，144—156 页。

14. 对此题目做了一个很好介绍的是西尔弗曼(Joseph H. Silverman)和泰特(John Tate)合著的书，《椭圆曲线上的有理点》，纽约：Springer-verlag，1992 年。

15. 谷山丰一生的大部分资料来自志村五郎的，“谷山丰和他的时代：非常私人的重新收集”，伦敦数学会公告，卷 21，1989 年，184—196 页。

16. 在日本杂志 *Sugaku* 上重印，1956 年 5 月，227—231 页。

17. 志村向塞尔这样陈述了他的实际猜想，是第一次向人透露，并且隐含相信塞尔会承认他是猜想的原创者。

18. 韦依，Oeuvres，卷Ⅲ，450 页。

19. 韦依，“Uber die Bestimmung Dirichletscher Reihen durch Funktionalgleichungen，”数学年鉴，卷 168，1967 年，165—172 页。

20. 韦依致兰格的信，与这里描述的事件的许多文件一起，包括私人谈话和信笺，都被兰格重新登载在，“谷山-志村猜想的一些历史，”美国数学学会公告，1995 年 11 月，1301—1307 页。兰格的功绩是，他的文章和“谷山-志村文件”近十年在数学家中得到广泛传播，并最终带给志村以应得的承认。

21. 塞尔(Jean-Pierre Serre)，“Lettre a J. -F. Mestre，”重新登载在算术代数几何中的现代趋势上，提供：美国数学学会，1987 年，263—268 页。

22. 梅修尔，“模曲线和爱森斯坦理想，”巴黎，法国：I. H. E. S 的数学出版物，卷 47，1977 年，33—186 页。

23. 梅修尔引证。

24. 安德鲁·怀尔斯的第一篇，并且是两篇中更重要的论文，“模椭圆曲线和费马大定理，”数学年鉴，卷 142，1955 年，443—551 页，用拉丁文以费马大定理的费马真实的页边评注开始：Cubum Autem ... non caperet. Pierre de Fermat.

甚至在约定发表的日子前，并且最初每单独发行一本征税 14 美元，这期杂志就已经售罄。

作者的话

在准备写本书时，我从丰富的来源中选取了很多历史背景资料。我喜欢的且最完备和原始的来源，是贝尔(E. T. Bell)的书，《数学家(男)传》(尽管我不喜欢这个使人误解的带性别的书名，因为书中有两个数学家是女士；这本书写于1937年)。很明显其他一些数学史家的资料都取自贝尔的书，所以这里我将不再提他们的名字。所有我参考的重要来源都在书末的注释中。此外，我找到了普林斯顿大学莎婉尼(Jacquelyn Savani)的文章(*普林斯顿每周公报*，1993年9月6日)，并感谢她给我寄来了BBC关于费马大定理的节目的录影带。

我得到了莫若契(C. J. Mozzochi)提供的，参与证明费马大定理的数学家的许多照片的帮助。衷心感谢加利福尼亚大学柏克莱分校的里贝特(Kenneth A. Ribet)教授，他拨冗与我会面，并告知我许多有关他那导致费马大定理证明的定理的重要信息。我要向普林斯顿大学的志村(Goro Shimura)教授致以我深切的感谢，他花费大量时间向我介绍了许多有关他的工作和他的猜想的重要信息，众所周知，没有谷山-志村猜想就没有费马大定理的证明。我也要感谢波恩马克斯·普朗克研究所的佛尔廷(Gerd Falting)教授和德国伊森大学的弗雷(Gerhard Frey)教授，他们与我的会见令人兴奋，给了我许多有益的意见。我还要感谢哈佛大学的梅修尔(Barry Mazur)教授，他向我解释了数论里的一些重要概念。书中存在的错误肯定是我自己的。

我感谢我的出版者奥克思(John Oakes)的鼓励和支持。我也要感谢四墙八窗出版社的黎勒(Jillellyn Riley)和拜尔登(Kathryn Belden)。最后，我深深感谢我的妻子黛布拉(Debra)。

阿米尔·艾克塞尔博士，在加利福尼亚大学柏克莱分校同时获得数学硕士和科学学士学位。他现在是麻省沃尔特·班特列学院的统计学副教授。他已为《美国经济》，《统计计算杂志》以及《预测杂志》等刊物写了很多科普文章。他也是《上帝的方程：爱因斯坦，相对论和膨胀的宇宙》等若干本书的作者。